Vier Pfoten zum Glück
Das große Hundebuch über Eingewöhnung, Erziehung,
Ernährung und vieles mehr

Dr. Heike Pankatz

UFER Verlag

Dr. Heike Pankatz

Vier PFOTEN zum Glück

DAS GROSSE HUNDEBUCH
über Eingewöhnung,
Erziehung, Ernährung
und vieles mehr

UFER Verlag

Dr. Heike Pankatz wird vertreten durch:

UFER Verlag

Mountain Sky UG (haftungsbeschränkt)

Ruhrallee 185

45136 Essen

Cover, Satz und Layout: Wolkenart - Marie-Katharina Becker, www.wolkenart.com

Lektorat und Korrektorat: Martina Müller, www. tina-mueller.com

1. Auflage

Herstellung und Verlag: Amazon Distribution GmbH, Leipzig

ISBN Taschenbuch: 978-3-949373-08-4

ISBN Ebook: 978-3-949373-09-1

Inhaltsverzeichnis

Haftungsausschluss

Die Inhalte dieses Buch sind nach bestem Wissen und Gewissen recherchiert und zusammengestellt. Trotzdem kann keine Haftung für Vollständigkeit, Aktualität und Richtigkeit übernommen werden. Dies gilt auch für Schäden und deren Folgen, die aus der Anwendung der Inhalte entstehen.

Feedback zu diesem Buch

Sie haben Lob, Kritik oder Fragen zu unserem Buch? Melden sie sich jederzeit gerne bei uns, wir haben immer ein offenes Ohr! Sie erreichen uns unter info@ufer-verlag.de!

Zur Nutzung dieses Buchs

Warum sind keine farbigen Bilder enthalten?

Viele Leser werden sich sicherlich fragen, warum dieses Buch keine Farbbilder enthält. Das ist eine sehr berechtigte Frage, der ich kurz Aufmerksamkeit schenken möchte: Der Ufer Verlag ist aktuell noch ein sehr kleiner Verlag. Hierdurch ist es uns nicht möglich einen großen Auflagendruck zu stemmen, welcher bei anderen, sehr großen Verlagen, möglich ist. Um das Buch dennoch zu einem günstigen Preis anzubieten und es so für viele Leser zugänglich zu machen, haben wir uns gegen Farbfotos im Buch entschieden.

Dennoch gibt es die Bilder im Buch auch als Farbfotos, hierfür müssen sie nur den QR Code mit ihrem Smartphone oder Tablet scannen, der neben dem jeweiligen Bild abgedruckt ist. Er führt sie direkt zu einer farbigen Version des abgedruckten Bildes.

Wie nutze ich die im Buch verwendeten QR Codes?

Im Buch sind neben jedem Bild QR Codes zu finden. Um diese zu verwenden, öffnen sie einfach die Kamera App ihres Smartphones oder ihres Tablets und richten sie die Kamera auf den abgedruckten Code. Nun bietet Ihnen ihr Handy oder Tablet an, eine Seite zu öffnen. Öffnen sie diese Seite uns sie sehen eine Farbversion des im Buch abgedruckten Bildes.

Sollten sie mit dem Scannen der QR Codes ein Problem haben, melden sie sich gerne unter info@ufer-verlag.de wir helfen Ihnen gerne weiter!

EINLEITUNG

„Ich wünsche mir einen Hund!" Haben Sie diesen Satz schon einmal gehört? Sind es Ihre Kinder, die Ihnen damit in den Ohren liegen oder haben Sie vielleicht selbst diesen unerfüllten Traum? Da Sie nun dieses Buch in Ihren Händen halten, ist der erste Schritt auf dem Weg zur Wunscherfüllung bereits gemacht. Und sehr vorbildlich starten Sie mit einer umfassenden und guten Vorbereitung, denn das ist die beste Voraussetzung dafür, dass dieser Weg für alle Beteiligten zu einer wundervollen, bereichernden und glücklichen Reise wird.

Was macht den Hund so besonders und beliebt als Haustier? Wie kommt es, dass Mensch und Hund sich so sehr zueinander hingezogen fühlen? Zahlreiche Autoren und Wissenschaftler haben sich dieser Frage gewidmet, und sie kommen zu dem Schluss, die sehr ähnliche Sozialstruktur von Menschen und Hunden mache es beiden so einfach, sich zu mögen und zu verstehen. Auch die positiven Effekte der Hundehaltung auf Gesundheit und Wohlbefinden sind immer wieder Gegenstand wissenschaftlicher Untersuchungen (Quellen 1; 2; 3): So haben Kinder, die mit Hunden aufwachsen, nachweislich ein stärkeres Immunsystem, ein höheres Verantwortungsbewusstsein, mehr Empathie und Selbstbewusstsein, sind kontaktfreudiger und weniger anfällig für Stress und psychische Erkrankungen. Und auch erwachsene Hundebesitzer profitieren durch ihren Vierbeiner von mehr sozialen Kontakten, besserer Gesundheit, schnellerer Genesung nach Krankheiten und ganz allgemein einer größeren Zufriedenheit. Also viele gute Gründe, die dafür sprechen, sein Leben mit einem Hund zu teilen.

Der Hund war nachweislich das erste Haustier, welches freiwillig eng mit Menschen zusammengelebt hat. Tatsächlich geht die Wissenschaft mittlerweile davon aus, dass unsere Vorfahren bereits vor mehr als 30.000 Jahren damit begannen, Wölfe zu domestizieren. Und dass der Wolf der alleinige Stammvater aller heute lebenden Hunde ist, steht fest. Was genau dazu geführt hat, dass sich Mensch und Wolf in dieser einzigartigen Weise einander angenähert haben, ist noch nicht abschließend geklärt – auf jeden Fall haben beide offensichtlich vom Zusammenleben profitiert. Die Wölfe, welche ihre Scheu überwanden und sich in die Nähe der menschlichen Lager wagten, fanden in den Überresten der erbeuteten und verarbeiteten Tiere leichte Nahrung. Die Menschen wurden durch das Verhalten der Wölfe auf herannahende Gefahren (etwa durch andere Raubtiere) aufmerksam und hatten größeren Erfolg bei der Jagd, wenn sie den feinen Sinnen der Wölfe bei der Beutesuche vertrauten. Über viele tausend Jahre halfen verschiedene Einflüsse wie natürliche Mutationen, Klimaverhältnisse, Umweltfaktoren und schließlich eine immer gezieltere Zuchtauswahl durch den Menschen dabei, Hunderassen für die unterschiedlichsten Nutzungsarten entstehen zu lassen. Ob als Jagdhelfer, Wächter, Schützer und Hüter der Herden, Rettungs- oder Therapiehund oder einfach als Gesellschafter – Hunde sind für uns Menschen zum wichtigsten und vielfältigsten tierischen Begleiter geworden und wahrscheinlich das einzige Haustier, welches aktiv seine Domestikation vorangetrieben hat.

In Deutschland werden heutzutage im europäischen Vergleich die meisten Hunde gehalten – neueste Statistiken aus dem Jahr 2021 gehen von rund 11 Millionen Hunden aus, die in etwa 20 % der deutschen Haushalte leben (Quelle 4). Den größten Anteil machen die als Einzelhund mit ihren Besitzern zusammenlebenden Vierbeiner aus, nur in knapp 20 % der Hundehaushalte gibt es zwei oder sogar mehr Hunde (Quelle 1). Die Rassenvielfalt ist immens, rund 370 Rassen unterscheidet aktuell allein der weltgrößte kynologische Dachverband, die Fédération Cynologique Internationale (FCI). Anderen Zählungen zufolge finden sich weltweit sogar über 800 unterschiedliche Hunderassen. Hinzu kommen die unzähligen Mischlinge, welche aus Kreuzungen verschiedener Rassen entstehen. Es gibt sehr spezialisierte Rassen, welche zum Herdenschutz als Wach-, Schutz-, Hüte-, Vorsteh-, Apportier- oder Stöberhund eingesetzt werden. Allerdings entscheiden sich inzwischen viele Hundeinteressenten vor allem aus optischen Gründen für eine bestimmte Rasse, ohne deren spezialisiertes und über Jahrhunderte angezüchtetes Verhaltensrepertoire tatsächlich nutzen zu wollen. Daraus ergeben sich zum Teil erhebliche Probleme, wenn die natürlichen Anlagen und daraus resultierenden Verhaltensweisen und Haltungsansprüche des jeweiligen Hundes absolut nicht zu dem Leben passen, welches der Hundehalter seinem Vierbeiner bieten kann oder will. Auch viele andere Missverständnisse, Verhaltensprobleme oder gar schwerwiegende Beißvorfälle sind oft das Resultat einer mangelnden Vorbereitung und Information bereits vor der Übernahme eines Hundes. Die traurige Folge ist, dass jährlich etwa 80.000 Hunde in den Tierheimen in Deutschland landen, weil sie zu spontan, unüberlegt oder unter falschen Voraussetzungen angeschafft wurden.

Dieses Buch soll Ihnen dabei helfen, nicht die gleichen Fehler zu machen. In den folgenden Kapiteln werden alle wichtigen Aspekte rund um das Thema Hundehaltung aufgegriffen und erklärt, damit Sie umfassend und gut informiert Ihre Entscheidung für einen eigenen Hund treffen können – denn diese Entscheidung wird Ihr Leben für viele Jahre und das des Hundes für sein gesamtes Leben bestimmen.

KAPITEL 1: WIE HUNDE „TICKEN"

Verhalten, Kommunikation

Mit einem kurzen Schwanzwedeln kann ein Hund mehr Gefühle ausdrücken als mancher Mensch mit stundenlangem Gerede.
(Louis Armstrong)

Hunde sind ebenso wie ihre Urahnen, die Wölfe, soziale Lebewesen und bevorzugen das Leben innerhalb einer sozial strukturierten Gruppe. Innerhalb dieser Gruppe gelten klare Regeln, und die einzelnen Mitglieder folgen einer bestimmten Rangordnung, welche mittels ritualisierter Verhaltensweisen aufrechterhalten wird und ernsthafte Auseinandersetzungen mit Verletzungsgefahr überflüssig macht. Bei Wölfen und wilden oder verwilderten Hunden spricht man von einem Rudel – für unsere Haushunde ist es die enge soziale Bindung an einen Menschen oder eine Familie. Der Mensch wurde über die lange Zeit des Zusammenlebens somit für den Hund zu einem echten, wenn nicht sogar zum wichtigsten Sozialpartner, den er seinen Artgenossen in der Regel sogar vorzieht. Dabei sind Hunde wunderbar anpassungsfähig in Bezug auf das Zusammenleben mit uns zweibeinigen „Artgenossen", dennoch muss man sich davor hüten, sie zu vermenschlichen. Wer seinem Hund gerecht werden und in harmonischem Einvernehmen mit ihm zusammen leben will, der sollte in der Lage sein, das Verhalten und die Ausdrucksformen seines Vierbeiners zu verstehen und sachlich zu deuten. Denn auch wenn Hunde nicht in unserem Sinne „sprechen" können, haben sie viele Formen, sich auszudrücken und untereinander oder mit uns zu kommunizieren.

Ein großer Teil der Probleme, welche im Zusammenhang mit der Hundehaltung immer wieder auftreten, lassen sich auf mangelndes oder falsches Verständnis des natürlichen Hundeverhaltens zurückführen. Hinzu kommt, dass die immense Rassenvielfalt der Haushunde die klare Deutung unterschiedlicher Körpersignale und mimischer Ausdrucksweisen zum Teil erschwert – um so wichtiger ist es, sich umfassend mit dem „normalen" Hundeverhalten auseinanderzusetzen.

1.1 OPTISCHES AUSDRUCKSVERHALTEN

Die wohl wichtigste Form der Kommunikation unter Hunden ist ihr vielschichtiges optisches Ausdrucksverhalten. Dabei wird der gesamte Körper eingesetzt, und die Haltung von Rute, Ohren, Fang und Kopf sind wichtige Indikatoren für die aktuelle Stimmungslage. Wölfe und auch Hunde, deren körperliche Merkmale denen des Wolfes noch recht ähnlich sind, stellen ihre unterschiedlichen Gemütszustände folgendermaßen dar:

- Neutral, entspannt = Alle vier Gliedmaßen gleichmäßig belastet, Kopf leicht angehoben, Gesichtsmuskulatur entspannt, (Steh-) Ohren mit breiter Basis nach vorne-außen gedreht, (lange) Rute locker herabhängend.
- Aufmerksam, interessiert = Körper- und Gesichtsmuskulatur leicht angespannt, Kopf leicht vorgestreckt, Ohren mit breiter Basis nach vorne gerichtet, Rute etwas angehoben, wedelnd.
- Sicher = Aufrechte Stellung, Körpergewicht liegt auf den vorderen Gliedmaßen, Muskulatur leicht angespannt, Kopf erhoben, Ohren mit breiter Basis nach vorne gerichtet, Rute hoch erhoben, wedelnd.
- Unsicher = Körpergewicht liegt auf den Hinterbeinen, leicht eingeknickte Haltung, Kopf leicht gesenkt, Ohren nach hinten gezogen, Rute tief, Haare auf dem Rücken eventuell gesträubt.
- Ängstlich = Körperhaltung geduckt, Rute unter den Bauch gezogen, Kopf eingezogen und niedrig gehalten, Ohren nach hinten gelegt, Augen groß, Mundwinkel zurückgezogen.
- Imponieren = Steifbeiniger Gang, Kopf hoch erhoben, Ohren mit schmaler Basis

nach vorne gerichtet, Blick vom Gegenüber abgewandt, Rute hoch getragen, leicht pendelnd, Nackenfell kann gesträubt sein.

- Offensives (Angriffs-) Drohen = Steifer Gang, maximal gestreckte Gliedmaßen, gesträubtes Fell an Hals und Nacken, teilweise über den gesamten Rücken, Kopf leicht gesenkt auf Rückenlinie, Ohren nach vorne gerichtet über dem Kopf zusammengezogen, Rute hoch erhoben, eventuell schnell und kurz wedelnd, Blick starr auf den Gegner gerichtet, Zähne im vorderen Schnauzenbereich gebleckt.

- Defensives (Verteidigungs-) Drohen = Geduckte Körperhaltung, Kopf gesenkt, Ohren eng am Kopf zurückgelegt, Rute eingezogen, Zähne bis zu den Backenzähnen gebleckt bei langen, spitzen Mundwinkeln, Nacken- und Rückenhaar gesträubt.

- Demut, passive Unterwerfung = Geduckte Körperhaltung bis hin zur Rückenlage, Blick vom Gegner abgewandt, Ohren nach hinten unten gedreht, straff gespannte Stirnhaut (welpenhafter Gesichtsausdruck), Rute eingezogen, weit nach hinten gezogene Mundwinkel (grinsender Gesichtsausdruck).

- Aktive Unterwerfung = Freundliche Kontaktaufnahme, beispielsweise durch Anstupsen, Lecken, Pfote heben, anspringen, auf den Rücken werfen, mit wedelnder Rute.

- Spielaufforderung = Vorderkörper tief, Hinterteil in die Höhe gestreckt, breit gespreizte Vorderbeine, nach oben gereckte Rute, wedelnd, Kopf tief oder sogar schief gehalten, oft mit Bellen.

Diese hier geschilderten Ausdrucksformen lassen sich bei Wölfen sehr gut und genau beobachten (Quelle 5). Durch die zahlreichen Veränderungen, welche bei unseren Haushunden über die züchterische Einflussnahme des Menschen im äußeren Erscheinungsbild auftreten, wird diese Beobachtung und richtige Deutung schon sehr viel komplizierter:

Ohren:
- Stehohren (z. B. Deutscher Schäferhund, Spitze),
- Kippohren (z. B. Collies, Airedale Terrier),
- Rosenohren (z. B. English Bulldog, Greyhound),
- Schlappohren normal lang ... (z. B. Labrador Retriever, Dackel, Bracken),
- ... oder besonders lang (z. B. Cocker Spaniel, Basset Hound).

Schnauze (Fang):
- langer schmaler Fang (z. B. Dobermann, Sibirischer Husky),
- breiter kräftiger Fang (z. B. Rottweiler, Bernhardiner, Chow-Chow),
- kurzer breiter Fang (z. B. Boxer, Bordeauxdogge),
- kurzer schmaler Fang (z. B. Chihuahua, Yorkshire Terrier),
- extrem kurzer Fang (z. B. Mops, Pekinese).

Schwanz (Rute):
- lange Rute, in Ruhe nach unten getragen (z. B. Dogge, Golden Retriever),
- lange Rute, über den Rücken gedreht (z. B. Samojede, Akita Inu),
- lange Rute, in Ruhe eingezogen (z. B. Italienisches Windspiel, Barsoi),
- mittellange Rute, senkrecht getragen (z. B. Foxterrier, West Highland White Terrier),
- kurze Ringelrute (z. B. Basenji, Mops),
- Stummelrute angeboren (z. B. Bobtail, Welsh Corgi Pembroke).

Fell:

- Fell kurz, glatthaarig (z. B. Jack Russell Terrier, Kurzhaardackel),
- Fell stockhaarig (z. B. Belgischer Schäferhund, Labrador Retriever),
- Fell rauhaarig (z. B. Schnauzer, Deutsch Drahthaar),
- Fell langhaarig (z. B. Sheltie, Bearded Collie, Shih Tzu),
- Fell lockig (z. B. Pudel, Portugiesischer Wasserhund),
- Fell zottig-verfilzt (z. B. Puli, Komondor).

Gesicht:

- Mimik gut erkennbar (z. B. Hovawart, Border Collie),
- Mimik eingeschränkt erkennbar (z. B. Bullterrier, Schnauzer),
- Mimik gar nicht erkennbar (z. B. Malteser, Tibet Terrier, Briard).

Diese beispielhafte Aufzählung zeigt eindrücklich, wie stark das oben beschriebene natürliche Ausdrucksverhalten bei unseren Haushunden zwangsläufig variiert. Selbst Hunde untereinander haben da manchmal Schwierigkeiten, die Absichten ihres Artgenossen richtig zu deuten. Damit Sie Ihren Hund also in jeder Situation verstehen und entsprechend reagieren können, müssen Sie die ganz speziellen Ausdrucksmöglichkeiten Ihres Vierbeiners genau kennenlernen.

Übrigens: Das Kupieren von Hunden, also die Amputation von Körperteilen (Ohren oder Schwanz) zur Erreichung bestimmter optischer Rassemerkmale, ist in Deutschland und vielen anderen europäischen Ländern gesetzlich verboten.

1.2 AKUSTISCHES AUSDRUCKSVERHALTEN

Neben den optischen Ausdruckselementen steht unseren Hunden auch ein vielfältiges akustisches Repertoire zur Verfügung. Die Lautäußerungen reichen vom allseits bekannten Bellen über Winseln, Fiepen, Schreien, Wuffen, Knurren bis zum Heulen und haben jeweils unterschiedliche Bedeutungen. Das klassische Hundegebell wird in vielen sozialen Situationen eingesetzt, so beispielsweise zur Begrüßung, als Spielaufforderung, als Warnung oder Drohung, zur Verteidigung oder bei Erschrecken. Winseln oder das noch intensivere Fiepen ist meist ein Unwohllaut und wird zum Beispiel bei Schmerzen, Angst oder Einsamkeit geäußert, kann aber auch im Zuge großer Freude auftreten. Sehr starke Schmerzen oder erhebliche Angst führen zu Schrei- oder Kreischlauten. Wuffen, also ein Bellen bei geschlossenem Fang, ist meist als Warnlaut zu verstehen und geht häufig in Bellen über. Geknurrt wird entweder im Spiel oder als ernst zu nehmende Warnung im Zuge des Drohverhaltens. Das Heulen ist bei Wölfen eine Form der Kommunikation innerhalb des Rudels und setzt eine ausgeglichene Stimmung voraus, bei Hunden kommt es eher vereinzelt vor, zum Beispiel heulen Rüden beim Geruch einer läufigen Hündin, oder es ist eine Lautäußerung bei Einsamkeit oder Trennung von den vertrauten Menschen. Heulende Alltagsgeräusche, etwa Sirenen oder das Martinshorn eines Rettungswagens, können Hunde zum Mitheulen veranlassen.

1.3 TAKTILE KOMMUNIKATION

Auch durch Berührungen können Hunde sich untereinander verständigen. Normalerweise geschieht dies unter Hunden, welche sich gut kennen oder zusammen leben. Da wird gestupst, geknabbert, sich gegenseitig beleckt und sogar eng aneinander gekuschelt. Da wir Menschen für unsere Hunde ebenso akzeptable Sozialpartner sind wie Artgenossen, verhält sich ein Haushund, der eine gute Bindung und Vertrauen zu seinen Menschen hat, ganz genau so – er sucht den Körperkontakt, fordert Streicheleinheiten und zeigt seinen Herrchen und Frauchen so, dass er sie mag und sich bei ihnen wohlfühlt.

1.4 GERÜCHE

Schließlich spielen auch olfaktorische Reize noch eine Rolle in der innerartlichen Hundekommunikation. Begegnen sich zwei Hunde beim Spaziergang, beschnüffeln sie sich erst einmal ausgiebig, und zwar sowohl vorne als auch hinten. Die Nase eines Hundes riecht erheblich genauer als die des Menschen – und zwar etwa eine Million Mal besser! Diese unglaublich sensible Riechleistung von Hunden machen wir uns in vielen Bereichen zunutze, indem wir sie zum Beispiel als Such- und Fährtenhunde, Rauschgiftspürhunde, Lawinenhunde, Assistenzhunde für Diabetiker usw. ausbilden. So können unsere Vierbeiner auch erschnüffeln, wie der andere Hund oder der Mensch gerade so drauf ist. Allerdings funktioniert diese Form der Kommunikation nicht in der umgekehrten Richtung – daher bleibt uns Menschen eben nur die richtige Deutung der Körper- und Lautäußerungen der Hunde, um sie zu verstehen.

Zusammenfassung Kapitel 1:

Auch wenn Hunde nicht sprechen können, kommunizieren sie untereinander mit sehr vielschichtigen Ausdruckselementen. Vor allem die Körpersprache, Gestik und Mimik, aber auch Lautäußerungen, Berührungen und Gerüche spielen in der innerartlichen Verständigung unter Hunden entscheidende Rollen. Damit wir Menschen unsere Hunde begreifen und mit ihnen gut zusammen leben können, müssen wir uns darum bemühen, ihre Sprache und Ausdrucksformen zu verstehen und richtig zu deuten. Über die lange Zeit des Zusammenlebens ist der Mensch für die meisten Hunde zum wichtigsten Sozialpartner geworden, und sie haben gelernt, sich in vielen Bereichen extrem gut an unsere Lebensformen anzupassen, dennoch und gerade deshalb schulden wir ihnen eine Behandlung und Versorgung, die ihren arteigenen Bedürfnissen Rechnung trägt.

KAPITEL 2: WAS HUNDE VON UNS BRAUCHEN

Voraussetzungen, die Hundehalter erfüllen sollten

> *Wir schenken unseren Hunden ein klein wenig Liebe und Zeit. Dafür schenken sie uns restlos alles, was sie zu bieten haben. Es ist zweifellos das beste Geschäft, was der Mensch je gemacht hat.*
>
> (Roger Caras)

Wenn Sie sich einen Hund zulegen, dann übernehmen Sie eine große Verantwortung. Neben dem Bestreben, die Sprache unserer Hunde richtig zu verstehen, müssen wir Menschen auch dafür sorgen, dass sie ihre Grundbedürfnisse befriedigen und ausleben können. Dazu gehören neben einer artgerechten und gesunden Ernährung auch ausreichend Bewegung, individuell angepasste Beschäftigung, Pflege und Krankheitsprophylaxe sowie nicht zuletzt auch die Möglichkeit zu ausreichend Ruhe und Schlaf.

Hunde sind hochsoziale Lebewesen mit Gefühlen und Bedürfnissen, und sie sind in besonderer Weise von uns Menschen abhängig. Ein Hundeleben dauert im Schnitt zwischen zehn und fünfzehn Jahre, je nach Rasse und Gesundheitszustand sogar länger. Daher muss im Vorfeld sehr gut überlegt und abgewogen werden, ob man bereit und in der Lage ist, sich über diese lange Zeit um seinen Hund zu kümmern und das übrige Familienleben auch nach dem Hund zu richten.

2.1. EIN HUND BRAUCHT IHRE ZEIT

Je nach Rasse, Alter und Energie-Level benötigt jeder Hund mehr oder weniger viel Bewegung, Beschäftigung und Pflege. Mindestens eine Stunde am Tag, besser mehr sollten Hundehalter sich Zeit nehmen, um sich intensiv mit ihrem Hund zu befassen, ihn bei Wind und Wetter spazieren zu führen, mit ihm zu trainieren und zu spielen, ihn zu füttern und zu pflegen. Darüber hinaus braucht der Hund mehrere kurze Gelegenheiten, um sich draußen zu bewegen und lösen zu können. Grundsätzlich müssen Sie sich also genau überlegen, ob ein Hund zu ihrer aktuellen Lebenssituation passt. Haben Sie zum Beispiel einen Job, bei dem Sie die meiste Zeit des Tages nicht zu Hause sind und sich dann niemand um Ihren Vierbeiner kümmern kann, ist ein Hund nicht das richtige Tier für Sie. Überlassen Sie die Pflege und Fürsorge für Ihren Hund täglich über viele Stunden jemand anderem, müssen Sie damit rechnen, dass sich die soziale Bindung des Tieres zu dieser Person deutlich enger ausbildet als zu Ihnen. Vor allem einen Welpen oder Junghund bis zur Vollendung des ersten Lebensjahres sollte man nicht regelmäßig mehrere Stunden am Tag völlig sich selbst überlassen. Hier ist eine sehr enge, liebevolle Betreuung und konsequente Erziehung erforderlich, um den Vierbeiner allmählich an den Tagesablauf und schließlich definierte Zeiten des Alleinseins zu gewöhnen. Länger als drei bis vier Stunden am Stück sollte aber auch ein erwachsener Hund nicht täglich alleine bleiben müssen. Ohne die notwendigen sozialen Kontakte, ausreichenden Auslauf und angepasste Beschäftigung wird der Hund sonst früher oder später Verhaltensauffälligkeiten entwickeln. Planen Sie also von Anfang an ausreichend Zeit für Ihren Hund ein.

2.2. EIN HUND BRAUCHT EINEN BOSS

Im sozialen Gefüge eines Wolf- oder Hunderudels gibt es immer eine klare Rangordnung, und ein besonders erfahrenes und selbstsicheres Tier bestimmt, wo es lang geht. Innerhalb der Familie fügt sich der Hund ebenso in eine soziale Struktur ein und erwartet von seinem Menschen, dass er dieses Mensch-Hund-Rudel sicher und souverän anführt. Daraus ergibt sich für den Vierbeiner das Gefühl von Sicherheit, Geborgenheit und Vertrauen. Ist der Mensch dagegen unsicher in seinen Entscheidungen, zeigt keine klaren Linien beim Setzen von Grenzen oder überlässt gar dem Hund die Wahl, was er tun oder nicht tun soll, dann kann dieser seine Position in diesem instabilen Sozialgefüge nicht finden. Der Hund reagiert entweder hochgradig verunsichert, wird nervös und gestresst, oder er versucht selbst die Rudelführung zu übernehmen, da dies seinem angeborenen Streben nach klaren Strukturen entspricht. Eine absolut wichtige Voraussetzung, um von Ihrem Hund als Rudelführer und Boss anerkannt zu werden, ist demnach Ihr souveränes, selbstsicheres und konsequentes Auftreten in Verbindung mit viel Geduld und liebevoller Zuwendung. Nur dann können Sie ihn in jeder Situation sicher führen und kontrollieren. Je nach Rasse, Größe und individuellen Charaktereigenschaften des einzelnen Hundes kann es mehr oder weniger aufwendig sein, sich den Respekt und die Bereitschaft zum Gehorsam des Vierbeiners zu erarbeiten.

2.3. EIN HUND BRAUCHT EIN HUNDEGERECHTES ZUHAUSE

Auch Ihre Wohnsituation ist entscheidend dafür, ob Sie sich einen Hund anschaffen sollten. Natürlich benötigt nicht jeder Hund unbedingt ein großes Haus mit eigenem Garten – wird er ansonsten ausreichend beschäftigt und bewegt, kann sich selbst ein größerer Hund auch in einer Stadtwohnung wohlfühlen. Hier sollte aber das Umfeld stimmen, damit Sie nicht erst mit Bahn oder Bus durch die halbe Stadt fahren müssen, um den nächsten Grünstreifen oder Park zu erreichen. In Mietwohnungen muss eine Genehmigung des Vermieters zur Hundehaltung eingeholt werden, und selbst in Wohnanlagen mit Eigentumswohnungen muss ein gemeinsamer Beschluss der Eigentümer gefasst werden, damit eine Hundehaltung rechtlich Bestand hat. Manche Hunderassen wie zum Beispiel große Herdenschutzhunde sind allerdings für eine Stadthaltung absolut ungeeignet, andere wie etwa Dackel oder Bassets haben schnell gesundheitliche Probleme, wenn sie ständig Treppen steigen müssen. Und selbst die Hundehaltung im ländlichen Bereich, mit eigenem Haus und Garten, bedarf einiger Vorbereitung. Bedenken Sie, dass ihr sorgfältig gepflegter Blumengarten von einem unterbeschäftigten Hund leicht umgestaltet werden könnte, und ein sehr passionierter Jagdhund wird viele Möglichkeiten finden, Zäune zu überwinden oder zu untergraben, um seinen angeborenen Trieben nachzugehen.

2.4. EIN HUND BRAUCHT DIE ZUSTIMMUNG ALLER HAUSHALTSMITGLIEDER

Wenn mehr als eine Person zum zukünftigen Hundehaushalt gehört, sollte unbedingt eine gemeinsame Entscheidung für oder schlimmstenfalls auch gegen einen Hund getroffen werden. Gibt es Vorbehalte gegen einen vierbeinigen Mitbewohner, etwa Angst vor Hunden nach schlechten Erfahrungen, so sollten diese besprochen werden. Gehören kleine Kinder zu Ihrem Haushalt, müssen Sie diesen den richtigen Umgang mit einem Hund genau erklären. Auch die jeweiligen Verantwortlichkeiten rund um die Hundehaltung sollten diskutiert werden – Eltern müssen sich im Klaren darüber sein, dass Kinder, welche sich sehnlichst einen Hund wünschen, selten die volle Verantwortung und Pflege des Tieres übernehmen können. Und selbst, wenn die Kinder alt genug sind und sich verantwortlich kümmern können, werden sie früher oder später das Elternhaus verlassen, um eine Ausbildung oder ein Studium zu beginnen, und auch dann bleibt der Hund meist bei den Eltern. Eines sollte allen Familienmitgliedern klar sein: Der Hund wird sich wahrscheinlich den Menschen als seinen engsten Sozialpartner aussuchen, der die meiste Zeit mit ihm verbringt und sich hauptsächlich um ihn kümmert. Dennoch gehören für den Hund alle Familienmitglieder zu seinem Rudel, und er wird mit allen seine sozialen Kontakte pflegen.

2.5. EIN HUND BRAUCHT MENSCHEN, DIE IHN „VERTRAGEN"

Auch das Thema Gesundheit sollten Sie bereits vor der Anschaffung Ihres Hundes genau beleuchten. Immer mehr Menschen leiden unter Allergien, die nicht selten auch durch Tierhaare hervorgerufen werden. Diese Überreaktionen des Immunsystems treten aber immer erst zeitversetzt auf, nachdem ein entsprechendes Allergen auf den Organismus eingewirkt hat. Das heißt, ob Sie oder ein anderes Familienmitglied allergisch auf Hunde reagieren, merken Sie schlimmstenfalls erst, wenn der Vierbeiner schon eine Weile bei Ihnen lebt. Müssen Sie ihn dann aus gesundheitlichen Gründen wieder abgeben, ist das eine hohe emotionale Belastung sowohl für den Hund als auch für alle Familienmitglieder. Daher testen Sie am besten bereits vorher, ob Sie und Ihre Mitbewohner Hunde vertragen: Fragen Sie zum Beispiel andere Hundebesitzer aus Ihrem Bekanntenkreis oder der Nachbarschaft, ob Sie deren Hund streicheln dürfen, oder melden Sie sich im örtlichen Tierheim als ehrenamtlicher Gassi-Geher. Auch seriöse Züchter von Rassehunden sind in der Regel gerne bereit, Interessenten bereits vor der Übernahme eines Welpen den Kontakt zu ihren Hunden zu ermöglichen. Je mehr Umgang mit Hunden Sie und Ihre Familie haben, desto sicherer können Sie ausschließen, allergisch zu reagieren.

2.6. EIN HUND MÖCHTE IMMER DABEI SEIN

Überlegen Sie sich rechtzeitig, wie Sie Ihren Hund in Ihre Freizeitgestaltung einplanen. Lieben Sie es, zu wandern und sich in der Natur zu bewegen, ist ein Vierbeiner natürlich ein optimaler Begleiter. Auch beim Joggen, Radfahren oder Reiten kann ein bewegungsaktiver Hund gut mitlaufen, sofern das Tempo angepasst wird. Bei Hobbys wie Tauchen, Skifahren oder Hallensport dagegen kann ein Hund Sie nicht begleiten. Und auch die Urlaubsplanung gestaltet sich mit einem Hund völlig anders als ohne – im Feriendomizil muss die Hundehaltung erlaubt sein, Bahn- oder Flugreisen mit Hund erfordern sehr gründliche Vorbereitung und sind nicht immer möglich, stundenlange Strandaufenthalte sind für Hunde bei großer Hitze ungesund und außerdem langweilig, und Kulturreisen mit Museumsbesuchen und Sightseeing passen auch für die meisten Hunde nicht. Wenn Sie also Ihren Vierbeiner immer und überall hin mitnehmen möchten, was für den Hund natürlich das Schönste ist, dann sollten Sie sich hundefreundliche Freizeitaktivitäten und Urlaubsziele suchen. Ansonsten kümmern Sie sich beizeiten um eine Unterbringung, wo sich Ihr Hund wohlfühlen und von netten Menschen umsorgt werden kann. Bestenfalls finden Sie jemanden im Freundes- und Bekanntenkreis, dem Sie Ihren tierischen Mitbewohner für eine bestimmte Zeit guten Gewissens anvertrauen können. Es gibt sogar richtige Hundesitting-Agreements, bei denen Hundehalter sich gegenseitig aushelfen und den Hund des jeweils anderen im Urlaub oder bei anderweitiger Abwesenheit übernehmen. Je besser sich dabei Menschen und Hunde bereits vorab kennenlernen können, desto einfacher fällt Ihrem Vierbeiner die Umstellung. Natürlich gibt es auch professionelle Tierpensionen, in denen gegen Bezahlung die Urlaubsbetreuung übernommen wird – ein sehr sensibler, menschenbezogener Hund kann aber unter einer solchen Trennung auf Zeit durchaus leiden.

2.7. EIN HUND KOSTET GELD

Ein Hund kann der beste Freund sein, Sportkumpan, Seelentröster, guter Zuhörer, er kann Aufgaben übernehmen, unverzichtbarer Helfer bei der Jagd oder als Hütehund sein – aber er verursacht seinem Halter immer auch Kosten. Angefangen beim Kaufpreis - für reinrassige Welpen aus guter Zucht werden durchaus Preise zwischen 1.000 und 3.000 Euro erhoben – über die Grundausstattung (Leinen, Halsbänder, Futternäpfe, Hundebett, Spielzeuge, Transportbox), artgerechtes Futter, Gesundheitsvorsorge, tierärztliche Behandlungen bei Krankheit oder Verletzungen bis hin zu Kosten für Hundesteuer, Versicherungen, eventuell den Besuch einer Hundeschule, regelmäßige Besuche beim Hundefriseur oder Unterbringung in der Hundepension kommt da im Laufe eines Hundelebens schon eine ordentliche Summe zusammen. Verschiedenen Statistiken zufolge muss man als Hundehalter bei einer durchschnittlichen Lebenserwartung von

Hunden zwischen 10 und 15 Jahren mit einem finanziellen Gesamt-Aufwand zwischen 10.000 und 20.000 Euro rechnen, also etwa 1.000 bis 2.000 Euro pro Jahr oder 80 bis 160 Euro pro Monat (Quelle 1).

Machen Sie sich bewusst, dass nicht nur der Anschaffungspreis entscheidend ist (ein Hund aus zweiter Hand oder aus dem Tierheim kostet natürlich deutlich weniger als ein Rassehund), sondern die zahlreichen einzelnen Posten eine Gesamtbelastung ergeben, welche Sie in Ihrem Budget einplanen sollten.

Zusammenfassung Kapitel 2

Einen Hund zu haben bedeutet auch, die Verantwortung für sein Wohlergehen zu übernehmen, und zwar ein ganzes Hundeleben lang. Daher sollte man sich vor der Anschaffung gut überlegen, ob man diese Aufgabe wirklich mit allen Konsequenzen übernehmen kann und will. Diese Fragen sollte sich jeder zukünftige Hundehalter ehrlich beantworten:

- Habe ich genügend Zeit für meinen Hund?
- Kann ich meinem Hund ein guter Boss sein?
- Ist meine Wohnsituation für einen Hund geeignet?
- Sind alle Mitbewohner einverstanden mit der Anschaffung eines Hundes?
- Kommen alle Familienmitglieder auch gesundheitlich mit einem Hund als Haustier klar?
- Bin ich bereit, den Hund auch in meine Freizeit- und Urlaubsplanung einzuschließen?
- Kann ich mir die finanzielle Belastung durch einen Hund leisten?

KAPITEL 3: HUNDE BÜROKRATISCH

Gesetze, Steuer, Versicherung und Co.

> *Vielleicht stünde es besser um die Welt, wenn die Menschen Maulkörbe und die Hunde Gesetze bekämen.*
> (George Bernard Shaw)

Wer in Deutschland einen Hund hält, unterliegt gleich mehreren gesetzlichen Bestimmungen, welche zum Teil auf Bundesebene, zum Teil länderspezifisch und darüber hinaus im kommunalen Bereich gelten. Zuwiderhandlungen können je nach Sachlage mit hohen Geldbußen und sogar mit Freiheitsstrafen geahndet werden. Es lohnt sich also, sich mit dieser etwas trockenen Thematik auseinanderzusetzen.

3.1. REGELUNGEN AUF BUNDESEBENE:

1. Das Tierschutzgesetz (TierSchG)

Dieses Gesetz gilt in Deutschland bundesweit und grundsätzlich für alle Tiere, nicht nur für Hunde. Die wichtigsten Paragrafen für Hundehalter sind die §§ 1 + 2: Der Grundsatz dieses Gesetzes (§ 1) stellt den eigenständigen Wert der Tiere fest, und die Haltung von Tieren durch den Menschen (§ 2) wird grundlegend und verbindlich geregelt:

§ 1

„Zweck dieses Gesetzes ist es, aus der Verantwortung des Menschen für das Tier als Mitgeschöpf dessen Leben und Wohlbefinden zu schützen. Niemand darf einem Tier ohne vernünftigen Grund Schmerzen, Leiden oder Schäden zufügen."

§ 2

Wer ein Tier hält, betreut oder zu betreuen hat,

1. muss das Tier seiner Art und seinen Bedürfnissen entsprechend angemessen ernähren, pflegen und verhaltensgerecht unterbringen,
2. darf die Möglichkeit des Tieres zu artgemäßer Bewegung nicht so einschränken, dass ihm Schmerzen oder vermeidbare Leiden oder Schäden zugefügt werden,
3. muss über die für eine angemessene Ernährung, Pflege und verhaltensgerechte Unterbringung des Tieres erforderlichen Kenntnisse und Fähigkeiten verfügen.

Aus diesen Formulierungen geht hervor, dass ein Tierhalter über die nötige Sachkunde zur Haltung seines Tieres verfügen muss. Er muss also die tatsächlichen arteigenen Bedürfnisse des Tieres zunächst kennen, um die gestellten Anforderungen erfüllen zu können. Tut er dies nicht, kann er sich nicht auf mangelndes Wissen berufen, denn er ist gesetzlich dazu verpflichtet, sich kundig zu machen.

2. Die Tierschutz-Hundeverordnung (TierSchHuV)

Speziell für die Haltung von Hunden wurden die Vorgaben des § 2 TierSchG in einer eigenen Rechtsverordnung weiter präzisiert. Darin werden konkrete Mindestanforderungen an die Haltung von Hunden festgelegt, die für jeden Hundehalter verbindlich sind. Unter anderem wird geregelt, dass einem Hund ausreichend Auslauf im Freien außerhalb eines Zwingers gewährt werden muss. Ein Entwurf zur Änderung der TierSchHuV vom 25.06.2020 sieht sogar vor, dass dies täglich mindestens zweimal für insgesamt mindestens eine Stunde zu erfolgen hat. Außerdem ist dem Hund mehrmals täglich der Umgang mit Betreuungspersonen zu gewähren, um dessen Gemeinschaftsbedürfnis zu befriedigen. Darüber hinaus werden in dieser Verordnung genaue Vorgaben zur weiteren Haltung, Fütterung und Pflege von Hunden gemacht, und es ist geregelt, dass Welpen erst im Alter von über acht Wochen vom Muttertier getrennt werden dürfen.

Da in Deutschland bereits seit 1987 das Kupieren der Ohren und seit 1998 auch das Kupieren der Rute bei Hunden zum Erreichen bestimmter Rassemerkmale verboten ist, wird in der TierSchHuV außerdem das Ausstellen von tierschutzwidrig kupierten Hunden verboten.

3. Das Hundeverbringungs- und Hundeeinfuhrbeschränkungsgesetz

Dieses Gesetz verbietet es, Hunde bestimmter Rassen, für die eine besondere Gefährlichkeit angenommen wird, aus europäischen Mitgliedsstaaten oder aus Drittländern nach Deutschland einzuführen. Ausdrücklich genannt werden die Rassen Pitbull-Terrier, American Staffordshire Terrier, Staffordshire-Bullterrier, Bullterrier sowie Kreuzungen dieser Rassen untereinander oder mit anderen Hunden. Darüber hinaus gelten in einzelnen Bundesländern zusätzliche Rassen als besonders gefährlich und dürfen nach diesem Gesetz ebenfalls nicht in das jeweilige Bundesland eingeführt werden. Verstöße gegen dieses Gesetz gelten als Straftat und können mit Freiheitsstrafen bis zu zwei Jahren geahndet werden.

3.2. RECHTLICHE VORSCHRIFTEN AUF LÄNDEREBENE:

(Stand April 2021)

Mit zum Teil sehr unterschiedlichen Verordnungen versuchen die einzelnen Bundesländer, ihre Bevölkerung vor Hunden zu schützen, denen eine besondere Gefährlichkeit unterstellt wird. Dabei gehen die Länder unterschiedlich vor: Manche listen bestimmte Hunderassen in ihren Gesetzestexten auf, andere gehen eher von einer individuellen Gefährlichkeit einzelner Hunde unabhängig von der Rassenzugehörigkeit aus. Je nachdem, in welchem Bundesland Sie leben, sollten Sie sich über die genau geltenden Bestimmungen informieren!

Hundegesetze der Bundesländer

Bundesland	Titel des Gesetzes	gültig seit (geändert am)	Rasseliste
Baden-Württemberg	Polizei-Verordnung über das Halten gefährlicher Hunde	03.08.2000	Ja
Bayern	Verordnung über Hunde mit gesteigerter Aggressivität und Gefährlichkeit	10.07.1992 (04.09.2002)	Ja
Berlin	Gesetz über das Halten und Führen von Hunden in Berlin	07.07.2016	Nein
Brandenburg	Ordnungsbehördliche Verordnung über das Halten und Führen von Hunden	16.06.2004	Ja
Bremen	Gesetz über das Halten von Hunden	29.11.2014 (24.11.2020)	Ja
Hamburg	Gesetz über das Halten und Führen von Hunden	26.01.2000 (04.12.2012)	Ja
Hessen	Gefahrenabwehrverordnung über das Halten und Führen von Hunden	22.01.200 (12.11.2013)	Ja
Mecklenburg-Vorpommern	Verordnung über das Führen und Halten von Hunden	04.07.2000 (23.06.2020)	Ja
Niedersachsen	Gesetz über das Halten von Hunden	01.05.2011	Nein
Nordrhein-Westfalen	Landeshundegesetz	18.12.2002	Ja
Rheinland-Pfalz	Landesgesetz über gefährliche Hunde	22.12.2004	Ja

Bundesland	Titel des Gesetzes	gültig seit (geändert am)	Rasseliste
Saarland	Polizei-VO über den Schutz der Bevölkerung vor gefährlichen Hunden	26.07.2000 (09.12.2003)	Nein
Sachsen	Gesetz zum Schutz der Bevölkerung vor gefährlichen Hunden	24.08.2000 (11.05.2019)	Nein
Sachsen-Anhalt	Gesetz zur Vorsorge gegen die von Hunden ausgehenden Gefahren	23.01.2009 (01.03.2016)	Nein
Schleswig-Holstein	Gesetz über das Halten von Hunden	26.06.2015	Nein
Thüringen	Gesetz zum Schutz der Bevölkerung vor Tiergefahren	22.06.2011 (10.05.2018)	Nein

In diesen Ländern ist für die Erlaubnis zur Haltung eines gefährlichen Hundes die Erbringung eines behördlichen **Sachkundenachweises** erforderlich:

- Berlin,
- Baden-Württemberg,
- Brandenburg,
- Hamburg,
- Hessen,
- Mecklenburg-Vorpommern,
- Niedersachsen (schreibt grundsätzlich die Erbringung der Sachkunde für jeden Hundehalter vor!),
- Nordrhein-Westfalen,
- Rheinland-Pfalz,
- Saarland,
- Sachsen-Anhalt,
- Schleswig-Holstein,
- Thüringen.

Prüfungen der Sachkunde für Hundehalter werden in den einzelnen Ländern von anerkannten und ausgewiesenen Sachverständigen wie zum Beispiel Tierärzten oder Hundetrainern durchgeführt, wobei sich die Prüfinhalte und Bewertungskriterien zum Teil deutlich voneinander unterscheiden.

Einige Bundesländer schreiben die Verpflichtung für alle Hundehalter zum Abschluss einer **Tierhalter-Haftpflichtversicherung** vor:

- Berlin,
- Hamburg,
- Niedersachsen,
- Sachsen-Anhalt,
- Schleswig-Holstein,
- Thüringen.

In anderen Bundesländern gilt die Versicherungspflicht nur für die in den Rasse-Listen genannten Hunde:

- Baden-Württemberg,
- Bayern,
- Brandenburg,
- Bremen,
- Hessen,
- Nordrhein-Westfalen,
- Rheinland-Pfalz,
- Saarland,
- Sachsen.

Mecklenburg-Vorpommern schreibt als einziges Bundesland keine Haftpflichtversicherung für Hundehalter vor. Grundsätzlich sollte aber jeder Hundebesitzer unbedingt eine solche Versicherung abschließen, die von zahlreichen Versicherungsunternehmen angeboten wird, da bei Schäden, welche durch den eigenen Hund verursacht werden, die Privathaftpflichtversicherung nicht aufkommt. Dabei geht es nicht nur um Biss-verletzungen durch den Hund, sondern um jede Art von Schaden: Stellen Sie sich vor, Ihr junger Hund läuft in einem kurzen Moment der Unaufmerksamkeit auf die Straße, ein voll besetztes Auto weicht aus, es kommt zu einem Unfall mit hohem Sach- und schlimmstenfalls auch Personenschaden, dann haften Sie mit Ihrem persönlichen Besitz, sofern Sie keine solche Versicherung abgeschlossen haben. Und selbst das angefressene, gute Ledersofa des Nachbarn oder der teure Perserteppich der Schwiegereltern kann schon empfindlich teuer werden, wenn Sie selbst zahlen müssen. Eine gute Tierhalter-Haftpflichtpolice erhalten Sie bereits für unter 50 Euro Beitrag im Jahr, und diese sollten Sie unbedingt sofort abschließen, wenn der Hund bei Ihnen einzieht.

Der Abschluss einer **Tier-Krankenversicherung** ist dagegen freiwillig und dient ausschließlich dazu, die möglichen Tierarztkosten für den Hundehalter abzumildern, da die Versicherung je nach Vereinbarung einige tierärztliche Leistungen übernimmt. Auch hier bieten unterschiedliche Versicherungsunternehmen verschiedene Produkte an, sodass Sie sich mehrere Angebote machen lassen sollten.

Darüber hinaus besteht in folgenden Bundesländern auch eine generelle **Chip-Kennzeichnungspflicht** für Hunde:

- Berlin,
- Hamburg (alle Hunde ab drei Monate),
- Niedersachsen (alle Hunde ab sechs Monate),
- Sachsen-Anhalt (alle Hunde ab sechs Monate),
- Schleswig-Holstein (alle Hunde ab drei Monate),
- Thüringen (alle Hunde ab sechs Monate).

In den übrigen Bundesländern müssen nur die als gefährlich eingestuften Hunde mittels Chip oder Tätowierung gekennzeichnet werden.

Für Reisen außerhalb Deutschlands muss übrigens jeder Hund unabhängig von der Rasse mit einem Chip fälschungssicher gekennzeichnet sein. Die Nummer muss im EU-Heimtierausweis angegeben werden, der ebenfalls für den Grenzübertritt mitzuführen ist.

Interessanterweise gibt es bislang nur in Niedersachsen die Vorgabe, den gekennzeichneten Hund auch registrieren zu lassen, und zwar in einem eigenen Landesregister, bei dem der Eintrag für den Hundebesitzer kostenpflichtig ist. Sinnvoll und von zahlreichen Tierschutzorganisationen bereits seit Jahren gefordert wäre aber eine generelle Kennzeichnungs- und Registrierungspflicht für alle Hunde, damit entlaufene oder gestohlene Vierbeiner schnell und unbürokratisch wieder mit ihren Besitzern zusammengeführt werden können. Es gibt mehrere von Tierschutz-Organisationen betriebene Haustier-Register, bei denen Tierbesitzer kostenfrei ihren Hund oder auch die Katze mit Chip-Nummer und Besitzerdaten anmelden können. Adressen dazu finden Sie im Anhang dieses Buches.

3.3. KOMMUNALE BESTIMMUNGEN ZUR HUNDEHALTUNG:

Grundsätzlich besteht in Deutschland eine **Meldepflicht** für Hunde. Jeder Hundehalter ist also verpflichtet, seinen Hund bei der für ihn zuständigen Stadt- oder Gemeindeverwaltung anzumelden und die dort festgesetzte **Hundesteuer** zu zahlen. Unter bestimmten Voraussetzungen kann man sich von dieser Steuerpflicht befreien lassen, beispielsweise wenn der Hund ein Blinden- oder Therapiehund ist oder als Diensthund gehalten wird. Die Höhe der erhobenen Steuer ist von Gemeinde zu Gemeinde unterschiedlich, kann für bestimmte Hunderassen erheblich höher sein als für andere und steigt auch bei gleichzeitiger Haltung mehrerer Hunde deutlich an. Übrigens ist die Hundesteuer nicht zweckgebunden und muss somit nicht für Straßenreinigungsarbeiten eingesetzt werden – als Hundehalter ist man verpflichtet, die Verunreinigungen seines Vierbeiners im öffentlichen Raum selbst zu entfernen.

Viele Städte und Kommunen erlassen **Betretungsverbote** für Hunde in bestimmten Bereichen, **Leinenpflicht** an bestimmten Orten und zu bestimmten Zeiten, **Maulkorbpflicht** für bestimmte Hunde oder Rassen, und zahlreiche weitere ortsabhängige Bestimmungen, welche für Hundehalter gelten. Im Zweifelsfall fragen Sie bei der für Sie zuständigen Verwaltung einmal nach.

Zusammenfassung Kapitel 3:

Zugegeben, das war jetzt sehr viel trockener Stoff, aber die zahlreichen gesetzlichen Bestimmungen rund um die Hundehaltung auf Bundes-, Landes- und Kommunalebene gelten verbindlich für jeden Hundehalter, daher ist es wichtig, sich auszukennen (oder zumindest zu wissen, wo man nachschlagen kann). Je nachdem, für welche Hunderasse Sie sich interessieren, sollten Sie sich also über die genauen Bestimmungen für Ihr Bundesland und Ihre Stadt- oder Kommunalverwaltung informieren. Ab jetzt wird es wieder spannender, denn nun geht es um den richtigen Hund für Sie!

KAPITEL 4: DEN RICHTIGEN HUND FINDEN

Rasse, Alter, Geschlecht, Herkunft

Kauf einen jungen Hund, und du wirst für dein Geld wild entschlossene Liebe bekommen.
(Rudyard Kipling)

Der Wunsch nach einem Hund als Haustier entspringt oft einer ganz bestimmten Vorstellung: So soll mein Hund aussehen, dieses Verhalten soll er zeigen, und das will ich mit ihm zusammen unternehmen und erleben! Nicht selten gibt es ideale Vorbilder für diese Wunschvorstellungen – wer wünscht sich nicht eine kluge und wunderschöne Lassie, die alles versteht und immer im richtigen Moment da ist, um uns zu retten? Oder einen der lustig gepunkteten Dalmatiner aus dem Disney-Film, den mutigen Schäferhund Kommissar Rex, den herzzerreißend treuen Akita Hachiko, der noch jahrelang auf sein verstorbenes Herrchen wartete, oder den imposant-liebenswerten Bernhardiner Beethoven – tatsächlich sind Hunde sehr beliebte Hauptdarsteller in zahllosen Filmen, Serien und Geschichten, in denen uns die unerschütterliche Treue und Freundschaft eines Vierbeiners vor Augen geführt wird. Leider kommt dann im wahren Leben oft die Ernüchterung, wenn man merkt, dass nicht jeder Collie ist wie Lassie und ein Bernhardiner für eine Stadtwohnung einfach zu groß wird.

Wie also sollen Sie den richtigen Hund finden? Genau den einen, der in Ihr Leben passt und mit dem Sie wirklich das erleben können, was Sie sich vorstellen und wünschen? Die wichtigste Voraussetzung ist auch hier eine möglichst intensive und umfassende Vorbereitung und Information. Erstellen Sie sich am besten eine Liste, in der

Sie eintragen, warum Sie überhaupt einen Hund haben möchten und was Sie sich von Ihrem zukünftigen Hund wünschen: Welche Eigenschaften soll er haben, was möchten Sie mit ihm unternehmen, wie viel Zeit wollen Sie für seine Pflege aufwenden usw. Soll der Hund eine bestimmte Aufgabe erfüllen, etwa Haus und Hof bewachen, ein toller Spielkamerad für die Kinder sein, Sie beim Reiten oder Wandern begleiten, möchten Sie mit ihm Hundesport betreiben oder soll es eher ein gemütlicher Typ sein, der einfach ein lustiger Gefährte und Familienhund ist? Leben vielleicht noch andere Tiere in Ihrer Familie, mit denen sich der Hund vertragen muss? Möchten Sie einen Welpen aufwachsen sehen oder lieber einem etwas älteren Hund ein neues Zuhause geben? Soll es ein Rüde sein oder eine Hündin? Notieren Sie Ihren Tagesablauf, Ihre Wohnsituation, Ihre Freizeitgestaltung – passt ein Hund zu Ihnen, der sehr viel von Ihrer Zeit beansprucht, weil er viel Bewegung und Beschäftigung braucht? Haben Sie Platz oder das richtige Wohnumfeld, um dem Hund das zu bieten?

Allein bei den anerkannten Hunderassen haben Sie eine fast unerschöpfliche Auswahl unter den rund 370 von der FCI aktuell (Stand 2021) gelisteten Rassehunden. Da werden die Kleinsten gerade einmal 20 Zentimeter groß und wiegen bisweilen kaum ein Kilogramm, während die Größten fast einen Meter hoch oder 100 Kilogramm schwer sein können. Hinzu kommen die unzähligen Mischlingshunde, welche keiner bestimmten Rasse zugeordnet werden können. Die äußeren Merkmale unterscheiden sich ebenfalls erheblich, wie ja in Kapitel 2 bereits aufgeführt: Hunde in allen erdenklichen Farben, mit kurzem oder langem Fell, struppig oder mit seidigem Haar, kurzen oder langen Nasen oder Beinen, mit und ohne Schwanz, Steh-, Kipp- oder Hängeohren, für die unterschiedlichsten Aufgaben gezüchtet, zum Teil auch durch die extreme Zucht auf ganz bestimmte Merkmale krank gemacht.

4.1. RASSEHUND ODER MISCHLING

Der kynologische Dachverband der internationalen Zuchtverbände, FCI, nimmt folgende Einteilung aller Hunderassen in zehn Gruppen vor:

> **Gruppe 1: Hüte- und Treibhunde**
> Hier finden sich neben den typischen Hütehund-Rassen wie zum Beispiel Deutscher Schäferhund, Border Collie, Australian Shepherd oder Sheltie, welche als sehr bewegungsaktiv, intelligent und gelehrig gelten, auch einige Herdenschutzhunde wie der Maremmen-Abruzzen-Schäferhund oder der Südrussische Owtscharka, welche meist sehr eigenständig und wachsam sind, und sogar die sehr anspruchsvollen Rassen Saarlooswolfhund und Tschechoslowakischer Wolfhund, die durch die Einkreuzung echter Wölfe entstanden sind und daher als Anfängerhunde nicht empfohlen werden.

Gruppe 2: Pinscher und Schnauzer, Molosser, Schweizer Sennenhunde

In dieser Gruppe finden sich sehr viele unterschiedliche Hunde, vom kleinen Zwergpinscher bis zum großen Riesenschnauzer, Dobermann oder Boxer, massige Molosser wie Mastiffs, Doggen und Bernhardiner, aber auch die großen Herdenschutzhunde wie der Kaukasische Owtscharka oder der Kangal. Den meisten dieser Hunderassen ist eine große Wachsamkeit und zum Teil auch Kampfbereitschaft gemeinsam, was eine entsprechende Erfahrung aufseiten des Hundehalters erfordert. Gleichzeitig sind hier die Schweizer Sennenhunde gelistet, zu denen auch der als Familienhund sehr beliebte, freundliche Berner Sennenhund gehört.

Gruppe 3: Terrier

Unter den Terrier-Rassen gibt es viele sehr spezialisierte Jagdhunde wie den Deutschen Jagdterrier, den Parson Russell Terrier oder den Foxterrier, die eine entsprechend konsequente Erziehung benötigen, aber auch reine Begleithunde wie den Yorkshire-Terrier oder den West Highland White Terrier, die praktisch ausschließlich als Familienhunde gehalten werden, und auch die oft als gefährlich eingestuften und somit reglementierten Rassen wie der American Staffordshire Terrier, American Pitbull Terrier oder der Bullterrier finden sich hier.

Gruppe 4: Dachshunde

In dieser Gruppe werden ausschließlich die aus Deutschland stammenden Dackel, Teckel oder Dachshunde in den drei anerkannten Größenschlägen Normal-, Zwerg- und Kaninchen-Dachshund aufgeführt, welche inzwischen oft eher als Begleithund gehalten werden als ihrer ursprünglichen Bestimmung nach als Jagdhelfer.

Gruppe 5: Spitze und Hunde vom Urtyp

Auch in dieser Gruppe finden sich viele sehr unterschiedliche Hunderassen, die ebenso unterschiedliche Haltungsansprüche stellen. Vom winzigen Zwergspitz bis zum 70 Zentimeter großen Akita, vom Peruanischen Nackthund bis zum kuscheligen Samojeden, vom eleganten Pharaonenhund bis zum eigenwilligen Chow-Chow reicht hier die Bandbreite, und jede Rasse hat ihre ganz eigenen Verhaltensweisen und Ansprüche.

Gruppe 6: Laufhunde, Schweißhunde, verwandte Rassen

Diese Rassen gehören alle zu den Jagdhunden, welche teils als Meutehunde, teils als Fährtenhunde eingesetzt werden. Sie zeichnen sich durch ein meist freundliches Wesen aus, gehören aber bis auf wenige Ausnahmen (wie etwa der Dalmatiner) aufgrund ihres hohen Jagdtriebes möglichst in die Hand eines Jägers, der sie entsprechend ausbildet und einsetzt.

Gruppe 7: Vorstehhunde

Auch die Vorstehhunde sind für die Jagd gezüchtet worden, sie sollen das Wild auffinden und es dem Jäger anzeigen. Man unterscheidet kurzhaarige, langhaarige und rauhaarige Vorstehhunde, von denen einige wie der Irish Setter oder der Magyar Vizsla inzwischen auch vermehrt als Begleithund gehalten werden.

Gruppe 8: Apportierhunde, Stöberhunde, Wasserhunde

In dieser Gruppe finden sich die mittlerweile als Familienhunde sehr beliebten Retriever, wie der Labrador, Golden oder Nova Scotia Duck Tolling Retriever, aber auch der English Cocker Spaniel und der Portugiesische Wasserhund.

Gruppe 9: Gesellschafts- und Begleithunde

Die meisten Hunde in dieser Gruppe wurden als reine Gesellschaftshunde gezüchtet, sind eher klein bis mittelgroß (abgesehen vom großen Königspudel) und gelten als leicht erziehbar. Vor allem die Kleinhunde wie der Malteser, Shi Tzu oder Pekinese, Chihuahua oder Mops sind als Begleit- und Familienhunde sehr beliebt, und Pudel sind sowohl reinrassig als auch bei den modernen „Doodle"-Hunden als ein Elternteil besonders angesagt.

Gruppe 10: Windhunde

Die sehr eleganten, schlanken Windhunde wurden ebenfalls für die Jagd gezüchtet und wegen ihrer besonderen Schnelligkeit dazu eingesetzt, Wild wie Hasen, Gazellen oder sogar Wölfe auf Sicht zu hetzen und teilweise sogar zu töten. Auch diese Hunde stellen besondere Ansprüche an ihre Haltung und Erziehung und gehören eher nicht in Anfängerhände.

Es würde den Rahmen dieses Ratgebers sprengen, jede einzelne Hunderasse mit ihren Eigenarten und Haltungsansprüchen, ihren speziellen Fähigkeiten und dem äußeren Erscheinungsbild zu beschreiben. Auch wenn es durch gezielte Zuchtauswahl innerhalb einer Hunderasse eine gewisse Einheitlichkeit bezüglich äußerer Erscheinung und Wesenszügen gibt, muss man sich vor Verallgemeinerungen hüten, denn jeder Hund ist ein Individuum mit ganz eigenen Besonderheiten. Wenn Ihnen ein Hund einer ganz bestimmten Rasse vorschwebt, dann informieren Sie sich sehr genau, was für diese Hunde wichtig ist, wo ihre Stärken und Schwächen liegen und ob Sie einem solchen Hund die Lebensumstände bieten können, die er braucht.

Einige beliebte Hunderassen und ihre Bedürfnisse:

(Individuelle Unterschiede möglich!)

Hunderasse	für Anfänger	für Familien	für Senioren	nur erfahrene Halter	Pflege-aufwand	Beschäf-tigungs-bedarf	Beweg-ungs-bedarf	Jagdtrieb	Schutz- u. Wach-instinkt
Australian Shepherd	X	X			XX	XXX	XXX	X	X
Berner Sennenhund	X	X	X		XX	X	X		
Border Collie				X	XX	XXX	XXX	X	X
Boxer	X	X	X		X	XX	XX		X
Chihuahua	X		X		X	X	X		
Cocker Spaniel	X	X	X		X	X	X	X	
Dackel	X	X	X		X	X	X	XX	X
Dalmatiner	X	X			X	XX	XX	X	X
Deutscher Schäferhund				X	X	XX	XX		XXX
Französische Bulldogge	X	X	X		X	X	X		
Golden Retriever	X	X	X		XX	XX	XX	X	
Hovawart				X	X	XX	XX		XXX
Husky				X	X	XXX	XXX	XX	
Jack Russell Terrier		X		X	X	XXX	XXX	XX	XX
Labrador Retriever	X	X			X	XX	XX	X	
Mops	X	X	X		X	X	X		
Neufund-länder	X	X			X	X	X		
Pudel	X	X	X		XX	XX	XX		
Rottweiler				X	X	XX	XX		XXX
West Highland White Terrier	X	X	X		XX	X	X	X	
Yorkshire Terrier	X	X	X		XX	X	X		
Zwergspitz	X		X		XX	XX	X		X

Neben diesen vielen unterschiedlichen anerkannten Hunderassen gibt es noch zahlreiche weitere, welche die Anerkennung durch die FCI bisher noch nicht erhalten oder beantragt haben, und natürlich die endlose Bandbreite der Mischlingshunde, wie sie zu Tausenden in unseren Tierheimen sitzen oder aus ungeplanten Techtelmechteln mit Nachbars Bello meist in Privathaushalten geboren werden.

Sehr viele Hunderassen sehen sich optisch recht ähnlich, haben aber grundlegend unterschiedliche Wurzeln und somit auch völlig verschiedene Verhaltensweisen und Haltungsansprüche. Ein sehr heller Golden Retriever beispielsweise ist ein Apportier- und somit Jagdhund, während der sehr ähnliche weiße Kuvasz als Herdenschutzhund geboren wurde. Ein blonder Hovawart ist ein äußerst wachsamer und selbstbewusster Hofhund, während der bereits genannte, äußerlich sehr ähnliche Golden Retriever als Wachhund kaum taugt, dafür aber ein kinderfreundlicher Familienhund ist.

Und um es noch komplizierter zu machen, muss jeder Hund immer auch als Individuum gesehen werden, das seinen ganz eigenen Charakter hat, und so ist es zwar eher die Ausnahme, aber dennoch nicht unmöglich, dass Ihr Border Collie später keinen Spaß am Hundesport hat, Ihr Hovawart den Einbrecher freundlich begrüßt oder Ihr Kleinpudel beim Tierarzt immer einen Maulkorb benötigt.

Auch wenn optische Merkmale bei der Auswahl eines Hundes natürlich immer eine Rolle spielen – schließlich soll Ihnen Ihr zukünftiger Vierbeiner ja auch gut gefallen – so sollten die „inneren Werte" wie Charakter, Verhalten und Haltungsansprüche eine mindestens ebenso große Rolle bei der Auswahl spielen. Sehr hilfreich kann es dabei sein, wenn Sie nach „echten" Hunden der von Ihnen auserwählten Rasse in Ihrem Umfeld Ausschau halten. Gibt es einen solchen Hund in Ihrer Nachbarschaft oder im Bekanntenkreis, dann fragen Sie den Besitzer nach dessen Eigenarten. Vielleicht gehen Sie einfach zusammen mit dem Hund spazieren und können ihn so in

Alltagssituationen beobachten. Oder Sie suchen sich einen seriösen Züchter dieser Rasse und lassen sich dessen Hunde zeigen. Und so mancher Hunde-Interessent ist mit genauen Vorstellungen auf der Suche nach seinem Traumhund in ein Tierheim gegangen und dort dem Charme eines Vierbeiners erlegen, der zwar absolut nicht seinem vorgefertigten Bild entsprach, sich aber als der beste Hund seines Lebens entpuppte. Nehmen Sie sich Zeit und entscheiden Sie nicht überstürzt. Mischlingshunden wird oft eine robustere Gesundheit nachgesagt als ihren „blaublütigen" reinrassigen Verwandten. Tatsächlich treten bei sehr vielen Hunderassen zuchtbedingte Erbkrankheiten auf, von denen zahlreiche Vertreter dieser Rasse dann betroffen sind. Sowohl die Zuchtverbände als auch verantwortungsvolle Züchter bemühen sich mit aufwendigen und kostenintensiven medizinischen Voruntersuchungen darum, betroffene Tiere von der Zucht auszuschließen und so die Weitergabe der Krankheitsmerkmale zu vermeiden. Und je nachdem, welche Vorfahren ein Mischlingshund hat, können auch dann solche Erbkrankheiten auftreten, wenn die Elterntiere eben nicht gründlich vorher untersucht wurden. Eine Garantie dafür, einen rundum gesunden Hund zu bekommen, gibt es also weder bei Rassehunden noch bei Mischlingen.

4.2. RÜDE ODER HÜNDIN

Auch die Frage, ob Rüde oder Hündin, sollte bei der Auswahl des richtigen Hundes berücksichtigt werden. Natürlich gilt es auch hier auf die individuellen Anlagen des einzelnen Hundes zu schauen, aber in der Regel kann man sagen, dass Hündinnen meist etwas leichter zu erziehen sind als Rüden. Die versuchen vor allem in der „Pubertät", also etwa zwischen dem fünften und achten Lebensmonat auch gerne einmal, ihren Kopf durchzusetzen oder die Rangfolge innerhalb der Familie infrage zu stellen. Da es bei vielen Rassen auch deutliche Geschlechtsunterschiede im äußeren Erscheinungsbild gibt, sind die Hündinnen oft kleiner und leichter als die Rüden und daher rein kräftemäßig etwas einfacher zu handhaben. Andererseits wird eine Hündin zweimal im Jahr läufig und muss in dieser Zeit sehr genau beaufsichtigt werden, um nicht ungewollt Nachwuchs zu bekommen. Jede Läufigkeit dauert etwa drei Wochen, und in dieser Zeit tröpfelt ein blutiger Ausfluss aus der Scheide der Hündin, was in der Wohnung einen erhöhten Reinigungsaufwand bedeutet. Der Fachhandel hält aber entsprechende „Höschen" bereit, mit deren Hilfe man das vermindern kann.

Ein Rüde, der eine läufige Hündin gerochen hat, ist in dieser Zeit oft „schwer verliebt" und neigt dazu, viel zu heulen oder auch jede sich bietende Gelegenheit zum Ausbüxen zu nutzen, um bei seiner Angebeteten vor der Tür zu sitzen.

4.3. WELPE ODER TIERHEIM-HUND AUS ZWEITER HAND

Viele Menschen, die sich einen Hund zulegen möchten, wollen gerne einen Welpen haben. Dafür spricht selbstverständlich vieles, denn so lernt man seinen Vierbeiner von Anfang an kennen und umgekehrt genauso. Man sieht seinen Hund aufwachsen, kann von Beginn an die Erziehung nach eigenen Vorstellungen gestalten, die Bindung zwischen Mensch und Hund ist besonders intensiv, und wenn man alles richtig macht, gibt es meist keine großen Probleme im Verhalten des erwachsenen Hundes. Vor allem, wenn zum Haushalt noch kleine Kinder gehören, kann es von Vorteil sein, einen Welpen zu nehmen, der mit den Kindern zusammen aufwächst und sich problemlos in die Familienhierarchie eingliedert. Allerdings erfordert die Übernahme eines erst acht oder zehn Wochen alten Welpen auch einen erhöhten Zeit- und Arbeitsaufwand: Der Kleine muss erst lernen, stubenrein zu werden, und das kann durchaus ein paar Tage oder gar Wochen dauern. Er benötigt anfangs eine Rund-um-die-Uhr-Betreuung und sollte in den allerersten Tagen des Zusammenlebens auch nachts nicht alleine bleiben. Zumindest innerhalb des ersten Lebensjahres sollte man einen Hund grundsätzlich nicht stundenlang alleine lassen, das muss also arbeitstechnisch geregelt werden.

Und um die erfolgreiche Erziehung eines Welpen kümmert sich bestenfalls eine erwachsene Person des Haushaltes hauptverantwortlich.

Für die Übernahme eines bereits ausgewachsenen Hundes sprechen aber durchaus auch gute Gründe. Nicht jeder Hund im Tierheim hat Verhaltensprobleme, ganz im Gegenteil sitzen Tausende Hunde in den Tierheimen, die völlig unverschuldet ihr Zuhause verloren haben. Oft sind es gesundheitliche Gründe wie Allergien oder schwere Krankheiten, welche die Hundebesitzer dazu zwingen, ihren Vierbeiner abzugeben. Auch die Trennung von Besitzerpaaren führt häufig zur Abgabe des Hundes. Leider werden auch immer noch viele Hunde einfach unüberlegt oder überstürzt angeschafft und dann genauso schnell wieder abgegeben oder schlimmstenfalls einfach ausgesetzt, wenn die Halter merken, dass ein Hund eben auch Arbeit macht, Zeit beansprucht und Geld kostet. Nur ein kleiner Teil der Tierheimhunde zeigt tatsächlich problematische Verhaltensweisen und kann daher nur an erfahrene neue Besitzer vermittelt werden. Wenn Sie Glück haben, finden Sie sogar einen Rassehund dort, so wie Sie ihn sich wünschen. Das Tierheimpersonal weiß in der Regel, aus welchen Verhältnissen der Vierbeiner stammt, und kann Ihnen einiges zu seinen Verhaltensweisen erzählen. Handelt es sich zum Beispiel um einen Hund, der in einer Familie mit Kindern aufgewachsen ist, aus einem Haushalt stammt, in dem es auch Katzen gab oder einer Seniorin Gesellschaft geleistet hat, so mag es sein, dass Sie ihm genau diese Bedingungen wieder bieten können und er sich sofort wohlfühlen wird. Hunde aus zweiter Hand sind nicht selten besonders anhänglich und dankbar. Wahrscheinlich ist ein solches Tier bereits stubenrein, kann vielleicht sogar einige Zeit alleine bleiben und hat bestenfalls auch schon eine gute Erziehung genossen. Mehrfache Besuche im Tierheim und einige Gassigänge mit dem auserwählten Vierbeiner helfen dabei, die Entscheidung zu festigen. Neben dem Weg ins nächste Tierheim lohnt es sich auch, bei den jeweiligen Rassehund-Zuchtverbänden nach einer Notvermittlung zu fragen, denn auch reinrassige Hunde erleiden immer wieder den unverschuldeten Verlust von Heim und Halter.

4.4. HUND VOM ZÜCHTER

Einen reinrassigen Welpen kaufen die meisten Hunde-Interessenten bei einem Züchter, und da lohnt es sich sehr genau hinzuschauen und sich zu informieren. Denn die stetig steigende Nachfrage nach Rassehunden ruft leider auch sehr viele Geschäftemacher auf den Plan, denen es nicht darum geht, gesunde und glückliche Hunde an liebevolle Besitzer zu vermitteln, sondern nur um einen möglichst hohen Profit ohne viel Arbeit und Investition. Über die oft illegalen, teils kriminellen und meist hochgradig tierschutzrelevanten Zustände beim Handel mit Heimtieren lesen Sie bitte im Abschnitt 4.6. die ausführlichen Informationen. Adressen von seriösen Züchtern, welche die von Ihnen gewünschte Hunderasse verantwortungsvoll halten und züchten, bekommen Sie über die Rassezuchtverbände, die in Deutschland größtenteils im Verband für das Deutsche Hundewesen (VDH) zusammengeschlossen sind. Und selbst für Rassen, welche noch nicht vom VDH oder der FCI anerkannt wurden, existieren in der Regel Zuchtverbände oder Rasseklubs, die gewisse Standards für die Zucht festlegen und ihre Mitglieder darauf kontrollieren, dass sie diese auch einhalten. Hier ein paar wichtige Kriterien, an denen Sie einen verantwortungsvollen Hundezüchter erkennen können:

- Er/Sie züchtet nur eine, allerhöchstens zwei verschiedene Rassen.
- Er/Sie hält nur wenige Hunde und nicht mehr als zwei Würfe gleichzeitig.
- Er/Sie hält die Hunde mit engem Familienanschluss und nicht im Zwinger oder Schuppen.
- Er/Sie lädt die Interessenten für seine/ihre Welpen zu sich ein, um ihnen die Hunde zu zeigen.
- Er/Sie stellt viele Fragen und will wissen, wie und wo der Welpe im neuen Zuhause gehalten werden soll.
- Er/Sie will auch wissen, ob die Interessenten sich mit Hunden, speziell dieser Rasse, und mit Hundehaltung auskennen – schlimmstenfalls lehnt er/sie auch den Verkauf eines Welpen ab, wenn ihn/sie die Antworten nicht zufrieden stellen.

- Er/Sie kann alle Fragen zu Wesenstests, gesundheitlichen Voruntersuchungen und möglichen Erkrankungen der Zuchttiere beantworten und auch mit Unterlagen belegen.
- Er/Sie kann den lückenlosen Abstammungsnachweis der Hunde belegen (die organisierten Zuchtverbände stellen zertifizierte Stammbäume aus).
- Er/Sie gibt den Interessenten die Möglichkeit, sich in Ruhe umzusehen, die Welpen und die Mutterhündin zu beobachten und bei Bedarf auch mehr als einmal zu kommen, um wirklich den richtigen Hund für sie auszusuchen.
- Über den Verkauf eines Hundes wird ein ordnungsgemäßer schriftlicher Vertrag zwischen Züchter und Käufer abgeschlossen.
- Sowohl Muttertier als auch Welpen werden regelmäßig medizinisch betreut (mehrfache Entwurmung der Hündin und Welpen bis zur Abgabe, Erst- und auch Zweitimpfung der Welpen je nach Abgabe-Alter, Nachweis mit offiziellem EU-Heimtierausweis mit Stempel und Unterschrift des behandelnden Tierarztes).
- Kennzeichnung aller Hunde (mittels Mikrochip oder Tätowierung), sodass Dokumente jedem Hund zweifelsfrei zugeordnet werden können.
- Die Welpen werden nicht vor Vollendung der achten, aber möglichst bis zum Ende der zehnten Lebenswoche an die neuen Besitzer abgegeben.
- Die Welpenunterkunft macht einen sauberen, ordentlichen Eindruck.
- Den Welpen stehen in ihrem Auslauf viele unterschiedliche Beschäftigungsmöglichkeiten zur Verfügung.
- Alle Hunde haben ein vertrauensvolles Verhältnis zum Züchter und zeigen keine Anzeichen von Angst oder Scheu auch vor fremden Personen.
- Bestenfalls haben die Welpen bereits ein paar Ausflüge und auch kürzere Autofahrten hinter sich und sind somit daran gewöhnt.
- Ein guter Züchter, dem das Wohlergehen seiner Welpen am Herzen liegt, bietet den neuen Besitzern auch den Kontakt bei allen Fragen nach dem Kauf an und versorgt sie bestenfalls bereits mit einer ersten Ration des Welpenfutters, um den Kleinen eine abrupte Futterumstellung zu ersparen.

Bei der Auswahl des Züchters sollten Sie sich also Zeit lassen und nicht überstürzt handeln! Wenn Ihnen etwas seltsam vorkommt, Sie nicht alle Hunde selber sehen oder die Zuchtanlage nicht betreten dürfen oder Ihnen gar angeboten wird, dass der Welpe zu Ihnen nach Hause oder zu einem vereinbarten Treffpunkt geliefert wird, dann lehnen Sie den Kauf ab! Denn dann handelt es sich mit hoher Wahrscheinlichkeit nicht um einen seriösen Züchter, sondern um einen Hundehändler, dessen Machenschaften Sie nicht unterstützen sollten!

4.5. HUND VOM PRIVATHALTER

Auch Privatpersonen bieten Hunde zum Kauf an. Unterschiedliche Plattformen wie Zeitungs-Kleinanzeigen, Aushänge am Info-Brett des Supermarktes oder auch Online-Portale werden genutzt, um diese Tiere anzupreisen. Natürlich kann es immer passieren, dass ein privater Hundehalter sein Tier nicht selber behalten kann oder dass eine Hündin ungewollt gedeckt wurde und die Welpen dann vermittelt werden müssen. Grundsätzlich gelten in diesen Fällen die gleichen Kriterien wie bei Hundezüchtern: Machen Sie sich ein persönliches Bild von den Haltungsbedingungen, dem Hundeverkäufer und den Tieren. Stellen Sie Fragen und schauen Sie genau hin. Kaufen Sie niemals einen Hund unbesehen oder aus unbekannten Verhältnissen! Oft kann auch die ortsansässige Tierarztpraxis oder der Tierschutzverein Tipps geben, wo gerade Hunde zur Vermittlung stehen, die dringend ein neues Zuhause suchen.

4.6. ILLEGALER HUNDEHANDEL

Jedes Jahr aufs Neue müssen sich die für den Tierschutz zuständigen Behörden und die örtlichen Tierschutzvereine um zahlreiche Fälle von illegalem Hundehandel kümmern. Pkw oder Kleintransporter werden bei zufälligen Kontrollen oder in begründeten Verdachtsfällen von der Polizei gestoppt, in denen zahllose Welpen aller erdenklichen Rassen unter schlimmsten hygienischen Bedingungen und in völlig unzureichenden oder massiv überfüllten Transportbehältnissen gefunden werden. Eine Studie des Deutschen Tierschutzbundes e. V. aus dem Jahr 2020 (Quelle 6) belegt in erschreckender Weise, dass in den Jahren 2014-2019 in Deutschland insgesamt 3389 Hunde, die meisten davon Welpen, behördlich beschlagnahmt wurden, welche größtenteils illegal nach oder durch Deutschland hindurch transportiert wurden. Und das ist nur die Zahl der Hunde, die bei Kontrollen entdeckt wurden – die Dunkelziffer ist um ein Vielfaches höher: *Schätzungen zufolge werden etwa 46.000 Hunde pro Monat innerhalb der EU gehandelt*! Die meisten dieser Hunde kommen dabei aus Ländern wie

Rumänien, Bulgarien, Ungarn, Polen, der Türkei oder Serbien. Einige der beschlagnahmten Tiere mussten nach Vorlage gültiger Papiere wieder an die Transporteure zurückgegeben werden, der größte Teil wurde aber illegal gehandelt und somit beschlagnahmt. Die Gründe waren entweder Verstöße gegen das Tiergesundheitsgesetz (fehlende Impfungen und/oder Kennzeichnung, gefälschter oder fehlender Heimtierausweis), gegen das Hundeverbringungsgesetz und Hundeeinfuhrbeschränkungsgesetz (Importverbot für bestimmte Hunderassen), die Tierschutztransportverordnung oder das Tierschutzgesetz (kranke Welpen, zu junge Welpen, hygienische Missstände, fehlende Sachkunde der Transporteure usw.). Allein im Jahr 2019 wurden in 50 % der aufgedeckten Fälle Welpen transportiert, die erst acht Wochen alt oder jünger waren. Diese Transportfahrten dauern oft mehrere Tage, bis die Welpen endlich ihr Ziel erreichen, und fast immer sind in den Transportkisten nicht nur Geschwister, sondern Welpen aus unterschiedlichen Würfen, manchmal sogar aus unterschiedlichen Herkünften zusammengepfercht. Da in der Regel keinerlei Gesundheitsprophylaxe wie Impfungen oder Parasitenbehandlungen durchgeführt werden, können sich die Welpen also gegenseitig beim Transport anstecken. Zahlreiche Welpen weisen Erkrankungen mit Durchfall und Erbrechen oder Parasitenbefall auf, sind in schlechtem Allgemeinzustand, unterernährt, dehydriert und somit absolut nicht transportfähig. Über die Haltungs- und Hygienebedingungen in den Betrieben, aus welchen diese Hunde stammen, ist in der Regel nichts bekannt – durch verdeckte Ermittlungen und heimlich gemachte Fotos und Filmaufnahmen von Tierschutz- und Tierrechtsorganisationen konnte aber in zahlreichen Fällen aufgedeckt werden, dass in diesen Hunde-Vermehrungsanstalten katastrophale Bedingungen herrschen. Hündinnen werden in kleinen Käfigen oder Boxen eingepfercht, oft ohne jegliches Tageslicht oder frische Luft, sie sind nur dazu da, in kürzesten Abständen immer wieder Welpen zu bekommen, welche dann schlecht versorgt und viel zu früh vom Muttertier getrennt werden, um für hohe Summen an gutgläubige Menschen verkauft zu werden. Fast immer sind solche Hunde krank, verhaltensgestört, sterben viel zu früh oder entpuppen sich als nicht reinrassig, obwohl ein hoher Verkaufspreis und falsche Abstammungspapiere das Gegenteil vorgaukeln sollen. Und die Mutterhündinnen und Vatertiere sind nicht selten Rassehunde, welche ihren untröstlichen Besitzern einfach gestohlen wurden, um so billig wie möglich einen um so größeren Profit zu machen. Sind sie schließlich ausgelaugt und krank durch die schlechten Haltungsbedingungen und häufigen Trächtigkeiten, werden sie „entsorgt" und durch neue Hunde ersetzt.

Achtung: Wird Ihnen ein Welpe mit kupierten Ohren und/oder kupierter Rute angeboten, kommt er definitiv aus dem Ausland! In Deutschland ist das operative Entfernen von Körperteilen aus optischen Gründen tierschutzrelevant und gesetzlich untersagt.

Die Verkaufstaktik solcher Hundehändler hat sich im Verlauf der letzten Jahre zum größten Teil auf das Internet verlegt – hier werden Welpen und Hunde jeder Rasse und jeden Alters angeboten, es werden Bilder von sauberen, hübschen Zuchtanlagen präsentiert, von glücklichen Elterntieren und gefälschten Papieren, und selbst die Preise für solche Hunde unterscheiden sich oft kaum von denen seriöser Züchter.

Zwischenhändler hier in Deutschland sorgen sogar teilweise für eine reale Adresse, die den Anschein einer seriösen Zucht untermauern soll. Eine Unterscheidung fällt da schwer, und leider fallen immer noch viel zu viele Menschen in gutem Glauben auf diese unseriösen und kriminellen Machenschaften herein. Einen wirklich sicheren und verlässlichen Eindruck von einer Hundezucht und dem dazugehörigen Züchter können Sie nur bekommen, wenn Sie sich persönlich ein Bild davon machen. Fragen Sie sicherheitshalber auch beim örtlichen Tierschutzverein nach, ob dort vielleicht Ungereimtheiten über diese Hundezucht bekannt sind. Und stellen auch Sie dem Züchter viele Fragen zu seinen Hunden, schauen Sie sich an, wie das Verhältnis zwischen Mensch und Hunden ist und wie die Tiere gehalten werden. Nur dann können Sie sicher sein, einen Hund aus einer wirklich guten Zucht zu bekommen und von einem Züchter, dem das Wohlergehen seiner Hunde am Herzen liegt. Auch kurzfristige Ausreden, warum Sie trotz anderer Absprache die Mutterhündin, die Geschwister und die Zuchtanlage doch nicht sehen können, dürfen Sie nicht akzeptieren – schalten Sie notfalls kurzfristig die Polizei ein! Und denken Sie auch daran: Selbst durch den Kauf eines Welpen unbekannter Herkunft nur aus Mitleid unterstützen Sie den illegalen Hundehandel und das damit verbundene Tierleid.

Zusammenfassung Kapitel 4:

Die Suche nach dem „passenden" Hund erfordert Zeit, genaue Informationen und natürlich das Hören auf die innere Stimme. Machen Sie sich klar, warum und wofür Sie Ihren Hund haben möchten, und dann nehmen Sie sich genügend Zeit, um genau den Vierbeiner zu finden, der Ihren Vorstellungen entspricht und in Ihr Leben passt. Rassehund oder Mischling, Rüde oder Hündin, Welpe oder ausgewachsener Hund, aus dem Tierheim, vom Züchter oder aus privater Hundehaltung – alle diese Möglichkeiten sollten Sie sehr ausführlich für sich abwägen, bevor Sie eine Entscheidung treffen. Aber niemals sollten Sie einen Hund aus unbekannter Quelle kaufen, da Sie hier Gefahr laufen, den illegalen oder kriminellen Handel mit Hunden unwissentlich zu unterstützen, mit dem unendliches Tierelend verbunden ist.

KAPITEL 5: WAS HUNDE FRESSEN

Gesunde Ernährung von Anfang an

> *Wenn du willst, dass dich jemand für immer liebt, kaufe einen Hund,*
> *füttere ihn und behalte ihn bei dir.*
> *(Dick Dale)*

Wann, wie und womit Sie Ihren Hund füttern, entscheiden Sie – damit ist der Vierbeiner zu 100 % davon abhängig, wie gut Sie sich mit seinen Nahrungsansprüchen und einer artgerechten Hundeernährung auskennen. Sowohl die Werbung für diverse Hundefutter als auch das Angebot im Fachhandel, in Drogerie-, Bau- und Supermärkten ist immens, da fällt es schwer, den Überblick zu behalten. Laut einer Studie aus dem Jahr 2019 (Quelle 1) wurden allein für Hundefutter hierzulande im Jahr 2018 etwa 2,3 Milliarden Euro ausgegeben! Viele Hundehalter entscheiden nach dem Preis, der bunten Verpackung oder den bekannten Werbeslogans darüber, welches Futter sie ihrem Liebling servieren – Hauptsache, es schmeckt ihm. Aber ganz so einfach sollten Sie es sich nicht machen, denn die richtige und artgerechte Ernährung trägt entscheidend dazu bei, ob Ihr Hund ein langes und gesundes Hundeleben führen wird.

5.1. WAS FRISST DER HUND?

Hunde sind genau wie Wölfe Beutegreifer: Ihr komplettes Gebiss ist darauf ausgelegt, geeignete Beutetiere zu fangen, zu töten und zu zerlegen. Wild lebende Hunde wie der australische Dingo ernähren sich beispielsweise von erbeuteten Kängurus, Kaninchen und Ratten. Dabei fressen sie nicht nur das Muskelfleisch und die Knochen, sondern nehmen durch den Verzehr der Innereien auch pflanzliche Kost wie Gräser, Wurzeln, Kräuter oder Beeren zu sich, die von den Beutetieren zuvor gefressen wurden. Darüber hinaus fressen sie auch selber aktiv Früchte, Wurzeln und Gräser und decken damit ihren Bedarf an Vitaminen und Ballaststoffen. Da wir unsere Haushunde nun nicht einfach losschicken können (und dürfen!), damit sie sich ihr Futter selber fangen, müssen wir versuchen, mit dem von uns angebotenen Futter den natürlichen Speiseplan möglichst genau abzubilden.

Ein hochwertiges, gesundes Hundefutter besteht zur Hauptsache aus gutem Fleisch und Innereien, wahlweise auch Fisch, teilweise Knochen, ergänzt durch Gemüse, Obst und Kräuter für die Vitamine und Ballaststoffe, außerdem wichtigen Spurenelementen und Mineralien wie Kalzium, Natrium, Magnesium und Phosphor. Ihren Energiebedarf decken Hunde hauptsächlich aus Eiweißen (Proteinen) und Fetten (Lipiden), weniger jedoch aus Stärke (Kohlenhydrate). Proteine sind zudem wichtige Bausteine in allen Körperzellen und somit für den gesamten Stoffwechsel des Hundes essenziell. In vielen günstig produzierten Fertigfuttern wird aber ein hoher Anteil an Getreide verarbeitet, da dieses preiswerter ist als gutes Fleisch – allerdings ist der Hundemagen eigentlich nicht darauf ausgerichtet, Getreide und die darin enthaltenen Kohlenhydrate in großen Mengen zu verdauen. Um die benötigte Energiemenge zu erhalten, muss von einem Futter auf Getreidebasis meist eine größere Portion gefüttert werden, was wiederum zu Verdauungsproblemen führen kann. Tatsächlich entwickeln viele Hunde mit der Zeit Unverträglichkeiten auf solche getreidehaltigen Futtermittel, die sich dann in unterschiedlichen Magen-Darm-Erkrankungen oder Hautproblemen äußern können. Auch Futterzusätze wie künstliche Konservierungsstoffe, Geschmacksverstärker, Farbstoffe oder auch Zucker haben in einem guten Hundefutter nichts verloren, da auch sie einen empfindlichen Hund krank machen können.

Wollen Sie sich für ein industriell gefertigtes Alleinfutter entscheiden, dann legen Sie Wert auf eine informative und transparente Deklaration aller Inhaltsstoffe auf der Verpackung. Dabei ist es gesetzlich festgelegt, dass Inhaltsstoffe in Nahrungs- wie in Futtermitteln immer in der anteilsmäßigen Reihenfolge absteigend zu deklarieren sind, also mit anderen Worten: Was an erster Stelle steht, macht den größten Anteil am Futter aus. Lesen Sie auf der Futterpackung also bei der Inhaltsangabe zuerst so etwas wie „Getreideerzeugnisse", wissen Sie, dass dieses Futter nichts für Ihren Vierbeiner ist. Stehen dort aber „Fleisch, Fleischerzeugnisse und tierische Produkte" ganz vorne, lohnt es sich, weiterzulesen. Je genauer die einzelnen Angaben sind, desto ehrlicher meint es der Hersteller offensichtlich. Auch möglichst dezidierte Angaben zur täglichen Fütterungsmenge sind meist ein guter Indikator für die Gewissenhaftigkeit des Anbieters, wobei Sie immer den individuellen Bedarf Ihres Hundes berücksichtigen müssen und die Packungsangaben nur als Richtwerte nehmen können. Fertigfutter gibt es sowohl als Trocken- wie auch als Nassfutter, beide Formen sind als Alleinfutter geeignet. Bei der Fütterung von reinem Trockenfutter muss aber darauf geachtet werden, dass der Hund auch immer genügend Wasser zu sich nimmt. In der Regel ist der Rationspreis pro Tag bei Trockenfutter günstiger als bei Nass- oder Dosenfutter, und auch der Einkauf und die Vorratshaltung sind zumindest bei großen Hunden einfacher. Manche Hunde mögen aber Trockenfutter nicht so gerne und lassen sich lieber mit Dosenfutter locken. Unbedingt müssen Sie darauf achten, dass es sich bei dem von Ihnen gewählten Futter auch wirklich um ein „Alleinfuttermittel" handelt und nicht etwa um ein „Ergänzungsfuttermittel", denn Letzteres ist eben nur als Futterzusatz gedacht und versorgt den Hund nicht mit allen notwendigen Nährstoffen.

Die Alternative zu fertig gekauftem Industriefutter ist das selbst zubereitete Hundefutter. Allerdings sei gleich vorweggesagt: Diese Form der Hundeernährung macht etwas mehr Arbeit und erfordert ein genaues Wissen über die Nahrungsansprüche des eigenen Hundes. Um langfristige Mangelerscheinungen durch fehlende Nährstoffe zu vermeiden, lassen Sie sich zunächst beraten, etwa von Ihrem Tierarzt oder auch dem Züchter, sofern Sie sich für einen Rassehund entschieden haben. Ein genauer Ernährungsplan mit der richtigen Kombination einzelner Futterbestandteile kann helfen, Ihren Vierbeiner bedarfsgerecht, gesund und frei von industriellen Zusätzen zu füttern. Komponenten für ein selbst zusammengestelltes Hundefutter sollten sein:

- Muskelfleisch von Rind, Lamm, Pferd, Wild, Geflügel (nur sehr frisch und von hoher Qualität) oder Fisch, roh oder gekocht (ACHTUNG: Niemals rohes Schweinefleisch füttern, da die Aujeszkysche Krankheit übertragen werden kann, die für Hunde tödlich ist!),
- Innereien wie Leber, Herz oder Pansen (in kleinen Mengen),
- Knochen / Knochenmehl / Knochenpaste oder entsprechende Mineralstoffmischungen,
- Gemüse (Karotten, Kohlrabi, Sellerie, Kresse, Feldsalat u.a.) / Kräuter / Obst (auch gerne als Belohnung, z. B. Banane, Apfel),
- Kaltgepresste Öle (Lein-, Raps- oder Distelöl) mit essenziellen Fettsäuren,
- geringe Mengen Flocken (Hafer, Reis),
- Käse in kleinen Würfeln eignet sich sehr gut als Belohnungshäppchen (sofern der Hund Laktose gut verträgt!).

Seit den 1990er-Jahren wird die sogenannte BARF-Methode in der Hundeernährung propagiert. Dieser Begriff steht für „Biologisch artgerechte Roh-Fütterung" und bedeutet somit genau das, was im vorherigen Abschnitt bereits dargelegt wurde. Um es für den Hundehalter einfacher zu machen, seinen Hund möglichst natürlich und gesund zu ernähren, gibt es sogenannte BARF-Rationen auch vorgefertigt im Fachhandel, meist als Gefriergut. Allerdings kann es dabei je nach Herstellungsprozess, Transport und Lagerung leicht zu einer hohen Keimbelastung kommen, die dann wiederum zu Unverträglichkeiten und Krankheiten beim Hund führen kann. Es gilt also auch bei der natürlichen Hundefütterung, immer auf beste Qualität zu achten.

Verständlicherweise lassen die zahlreichen Appelle für besseren Klimaschutz, höhere Tierschutz-Standards und die Abschaffung der grausamen Massentierhaltung bei immer mehr Menschen den Wunsch nach einer vegetarischen oder gar veganen Ernährung entstehen. Tatsächlich kann sich das (erwachsene) menschliche Verdauungssystem sehr gut auf eine solche Ernährungsweise einstellen, denn wir Menschen gehören entwicklungsgeschichtlich zu den Allesfressern, das heißt, wir können uns sowohl von Fleisch und tierischen Produkten als auch von pflanzlicher Kost ernähren. Hunde dagegen gehören nach wie vor zu den Carnivoren, also den Fleischfressern, und ihr komplettes Verdauungssystem ist darauf ausgerichtet, vornehmlich Fleisch und tierische Produkte aufzuschlüsseln. Eine rein vegetarische oder gar vegane Ernährung ist für Hunde also nicht artgerecht und kann früher oder später zu schweren Mangelerscheinungen und Krankheiten führen. Um Ihren Hund dennoch mit einem guten Gewissen artgerecht zu ernähren, achten Sie bei der Auswahl des Hundefutters bzw. der einzelnen Komponenten für die Rohfütterung auf eine nachhaltige, umweltschonende und tiergerechte Erzeugung.

Egal, für welche Futtersorte oder Fütterungsart Sie sich entscheiden, muss der Hund immer Zugang zu frischem und sauberem Trinkwasser haben. Je nach der Qualität Ihres Leitungswassers kann es sein, dass Ihr Vierbeiner lieber aus Pfützen, Gießkannen oder dem Gartenteich trinkt und das oft chlorhaltige oder harte Wasser aus dem Hahn verschmäht. Da sich vor allem bei höheren Außentemperaturen in stehenden

Gewässern leicht Krankheitskeime vermehren können, sollten Sie aber darauf achten, was Ihr Hund trinkt. Manchmal kann es bereits ausreichen, dem Leitungswasser einen kleinen (!) Schluck Milch oder auch Fleischbrühe hinzuzufügen, damit es für den Hundegaumen doch attraktiv wird. Oder Sie geben der Futterration immer eine gewisse Menge Wasser hinzu, dann wird der Hund es gleich beim Fressen mit aufschlabbern.

5.2. WIE FRISST DER HUND?

Für die gesunde Hundeernährung ist es nicht nur wichtig, was der Hund zu fressen bekommt, sondern auch wann und wie viel. Der tatsächliche Bedarf eines Hundes an Energie, Nährstoffen, Vitaminen und Mineralien ändert sich im Laufe seines Lebens und hängt somit vom Alter ab, aber auch vom Bewegungsstatus und seinem allgemeinen Gesundheitszustand. Welpen benötigen anderes Futter als erwachsene Hunde oder Hundesenioren, sehr aktive, sportliche Hunde haben einen anderen Bedarf als gemütliche Gassigeher, kleine Hunde fressen anders als sehr große und so weiter. Es würde den Rahmen dieses Ratgebers sprengen, für jede individuelle Situation die exakten Empfehlungen zu geben, daher sollen hier nur einige allgemeingültige Punkte behandelt werden.

In den ersten etwa vier Wochen seines Lebens wird der Welpe ausschließlich von Muttermilch ernährt. Ab der 5. Lebenswoche beginnt dann die Zufütterung von speziellem Welpenfutter, anfangs noch in Breiform (Wildhunde würgen ihren Welpen in dieser Phase vorverdauten Futterbrei vor). Wenn der kleine Hund dann mit etwa 8-10 Wochen in sein neues Zuhause umzieht, ist er meist schon an spezielles Welpenfutter gewöhnt, welches den besonderen Bedarf in dieser Lebensphase optimal deckt. Da abrupte Futterwechsel von den meisten Hunden nicht gut vertragen werden, sollten Sie zunächst genau das Futter füttern, an das der Welpe bereits gewöhnt ist. Möchten Sie lieber eine andere Futtersorte wählen oder dem Hund das Futter selbst zubereiten, so muss die Umstellung langsam Schritt für Schritt erfolgen, indem das neue Futter in immer größeren Anteilen mit dem alten gemischt wird. Wenn Ihr Hund zu einer großwüchsigen Rasse gehört oder der Mischling von großen Eltern abstammt, sollten Sie sich für ein angepasstes Welpen- und Juniorfutter für große Hunderassen entscheiden. Wird ein solcher Hund in der sehr sensiblen Wachstumsphase mit einem zu energiehaltigen Futter ernährt, kann es zu schweren und irreversiblen Störungen im Knochenwachstum kommen. Für besonders kleine Hunde gibt es spezielle Futtersorten mit kleinen Stücken, die besser zu beißen sind. Auch der reduzierte Energiebedarf eines älteren Hundes findet durch spezielle Senior-Futter seine Berücksichtigung. Und selbst für bestimmte Krankheiten werden angepasst Spezialfutter (auch Medizinalfutter genannt) angeboten, die meist nur über die Tierärzte vertrieben werden, da ihr Einsatz eine genaue vorherige Diagnose voraussetzt.

Im ersten Lebenshalbjahr wird die täglich benötigte Futtermenge auf vier Einzelrationen aufgeteilt, da der Welpenmagen noch nicht so große Mengen Futter auf einmal aufnehmen kann. Bis zur Vollendung des ersten Lebensjahres sind dann zwei bis drei Portionen (je nach Größe des Hundes) sinnvoll, und der ausgewachsene Hund bekommt sein Futter zweimal täglich, jeweils morgens und am späten Nachmittag. Eine nur einmalige Fütterung der gesamten Ration begünstigt vor allem bei mittelgroßen bis großen Hunden die Gefahr einer lebensgefährlichen Magendrehung und sollte daher vermieden werden. Da die allermeisten Hunde ihr Futter sehr schnell fressen – dieses Schlingen stammt noch aus den Urzeiten des Wolfes, wo schnelles

Fressen wichtig war, um genügend abzubekommen – ist eine rationierte Fütterung sinnvoll. Die sogenannte Ad-Libitum-Fütterung, bei der dem Hund ein voller Napf hingestellt wird und er selbst entscheidet, wann und wie viel er frisst, funktioniert nur bei wenigen Vierbeinern, lässt sich schwer kalkulieren und führt vor allem bei warmen Umgebungstemperaturen auch leicht zum Verderb des Futters. Sie sollten in regelmäßigen Abständen das Gewicht Ihres Hundes kontrollieren, damit Ihnen zeitnah auffällt, wenn er entweder schwerer oder leichter geworden ist und Sie die Futtermenge entsprechend anpassen können.

Viele Hundehalter meinen, ihrem Hund etwas Gutes zu tun, wenn sie für viel Abwechslung im Futternapf sorgen und die Futtersorte häufig wechseln. Das ist allerdings ein Trugschluss, denn wie bereits erwähnt verträgt das Verdauungssystem des Hundes abrupte Futterwechsel oft gar nicht gut und reagiert dann mit Problemen wie Durchfall und/oder Erbrechen. Haben Sie eine Futtersorte bzw. Fütterungsmethode gefunden, die Ihrem Hund gut bekommt und schmeckt, dann bleiben Sie am besten dabei und passen je nach Bedarf nur die Menge an. Hunde sind nicht wählerisch und brauchen nicht ständig neue Geschmackserlebnisse – sofern sie nicht durch falsche, wenn auch oft gut gemeinte Fütterung mit diversen Leckerli, Häppchen oder Resten vom menschlichen Mittagstisch zu regelrechten Futterverweigerern erzogen werden. Für uns Menschen zubereitete Nahrung ist für den Hund viel zu stark gewürzt und somit ungesund. Statt über nicht artgerechte Fütterung und ungeeignete bzw. ungesunde Leckereien zeigen Sie Ihrem Hund Ihre Zuneigung viel besser durch gemeinsame Zeit, Spiel und Zuwendung.

Absolut ungeeignet für Hunde ist alles, was Zucker oder einen hohen Anteil an Kohlenhydraten enthält, also zum Beispiel Kekse, Süßigkeiten oder Schokolade. Letztere ist für Hunde bereits in kleinen Mengen giftig, da sie den Inhaltsstoff Theobromin enthält, der je nach aufgenommener Menge und Größe des Hundes zu gesundheitlichen Problemen von leichten Verdauungsproblemen bis hin zu schweren Krampfanfällen, inneren Blutungen und Herzinfarkten führt. Hat Ihr Hund unbekannte Mengen Schokolade zu sich genommen, sollten Sie also möglichst umgehend den Tierarzt aufsuchen.

Als gesunde Belohnungshappen, beispielsweise in der Grundausbildung oder im Training, eignen sich für den Hund neben seinem normalen Futter kleine Käsewürfel oder spezielle Hundewürstchen, gekochtes Hühner- oder Putenfleisch in kleinen Würfeln oder fertige Happen auf Fleischbasis, wie sie im Fachhandel angeboten werden. Und auch hier lohnt es sich, auf die Inhaltsstoffe zu achten, denn viele industriell produzierte Hundekekse oder Belohnungshappen entsprechen absolut nicht den Ansprüchen an eine gesunde Hundekost. Ein futterempfindlicher Hund, bei dem für die Grundernährung an alles gedacht wurde, kann dennoch immer wieder mit Durchfall, Erbrechen oder Hautreaktionen zu kämpfen haben, wenn nicht auch die Beikost entsprechend kontrolliert und angepasst wird. Für die meisten Hunde sind ein verbales Lob, Streicheleinheiten oder ein kurzes gemeinsames Spiel mit dem Menschen sowieso die gesündere und viel attraktivere Belohnung.

Zusammenfassung Kapitel 5:

Die gesunde Ernährung Ihres Hundes können Sie entweder mit selbst zubereitetem Futter oder mit hochwertigen Fertigprodukten aus dem Fachhandel gewährleisten. Wichtig ist es, den individuellen Bedarf jedes Hundes zu ermitteln, der sich je nach Alter, Lebensphase, Aktivität und Gesundheitszustand ändern kann. Ein gutes, artgerechtes Futter, welches den Hund mit allen notwendigen Nährstoffen versorgt, ist die beste Grundlage für ein langes und gesundes Hundeleben.

KAPITEL 6: HUND RUNDUM GESUND

Pflege, Vorsorge, Krankheiten, Erste Hilfe, Qualzucht

Der Hund braucht sein Hundeleben. Er will zwar keine Flöhe haben,
aber die Möglichkeit sie zu bekommen.
(Robert Lemke)

Jeder Hundehalter wünscht sich natürlich einen gesunden und glücklichen Hund, mit dem er möglichst viele schöne Jahre gemeinsam verbringen darf. Zahlreiche Faktoren spielen für die Gesundheit des Vierbeiners eine Rolle, angefangen bei der Erbgesundheit der Elterntiere über die artgerechte und gesunde Ernährung bis hin zu ausreichender Bewegung und Beschäftigung. Viele Hundekrankheiten können durch entsprechende Pflegemaßnahmen oder medizinische Prophylaxe verhindert oder zumindest durch regelmäßige Kontrolluntersuchungen frühzeitig erkannt und entsprechend behandelt werden.

6.1. PFLEGEMAßNAHMEN

Bereits den jungen Welpen sollten Sie langsam und geduldig an verschiedene Pflegemaßnahmen gewöhnen, damit er sich auch später als erwachsener Hund von Ihnen bereitwillig bürsten, striegeln und behandeln lässt. Am einfachsten geht dies, wenn Sie dazu Ihren kleinen Hund auf einen Tisch stellen, auf den Sie vorher eine Decke oder rutschfeste Matte legen. Gehört Ihr Hund zu einer großwüchsigen Rasse, mag es sein, dass er später nicht mehr auf einen Tisch passt oder er zu schwer wird, um ihn hinaufzuheben, dann führen Sie die Pflegemaßnahmen am stehenden oder liegenden Hund am Boden durch. Wichtig ist, den Hund langsam und vorsichtig daran zu gewöhnen, denn wenn die ersten Versuche den Hund erschrecken oder sogar schmerzhaft sind, weil zum Beispiel die Bürste auf der zarten Welpenhaut kratzt oder das Fell ziept, wird Ihr Vierbeiner sich nur ungern von Ihnen behandeln lassen. Machen Sie anfangs nur wenige sanfte Bürstenstriche, streicheln und loben Sie dabei den Hund und belohnen ihn sehr ausgiebig mit ein paar Leckerchen. Von Mal zu Mal steigern Sie dann die Zeit und den Umfang der Maßnahmen.

Je nach Fellbeschaffenheit Ihres Hundes werden Sie ihn mehr oder weniger oft bürsten, kämmen oder striegeln müssen. Langes, feines und seidiges Fell neigt zum Verfilzen und sollte mehrmals in der Woche gebürstet werden, um dies zu verhindern. Rauhaarige oder kurzhaarige Hunde brauchen diese Pflege seltener, allerdings kann es zumindest in den Zeiten des Fellwechsels im Frühjahr und Herbst helfen, die größere Menge loser Haare in der Wohnung, an Polstern und im Auto zu verringern, wenn diese vorsorglich ausgebürstet oder abgestriegelt werden. Manche Rassen wie Schnauzer oder einige Terrier sollten mehrmals im Jahr getrimmt werden, um abgestorbene Haare und Unterfell zu entfernen. Und Hunde mit lockigem Fell, wie zum Beispiel Pudel, sollten regelmäßig etwa alle drei Monate geschoren werden, da die Haare sonst immer weiter wachsen und gar nicht ausfallen. Am besten übernimmt das Scheren ein professioneller Hundefriseur, der/die sich damit auskennt und auch die nötige Ausrüstung mit Schermaschinen, Bürsten und Kämmen hat. Dabei muss es gar nicht unbedingt eine hochgestylte Modeschur sein, ein einfacher und praktischer Kurzhaarschnitt reicht aus, damit der Vierbeiner sich wieder frei und ungehindert bewegen kann und auch nicht zu sehr verschmutzt oder verfilzt.

Ist der Hund nach einem ausgiebigen Spaziergang in der Natur sehr schmutzig, reicht es normalerweise aus, ihm Pfoten und Bauch mit klarem Wasser abzuwaschen und mit einem trockenen Handtuch nachzutrocknen. Baden mit Shampoo ist nicht nötig und sollte tatsächlich die Ausnahme bleiben, um den natürlichen Schutzmantel der Haut nicht übermäßig zu belasten. Wenn es einmal sein muss, dann sollte unbedingt ein sanftes, rückfettendes Shampoo für Hunde verwendet werden. Sofern Sie Ihren Hund bereits frühzeitig an Wasser gewöhnen, zum Beispiel in einer flachen Wanne oder einem kleinen Planschbecken (es gibt extra stabile kleine Pools für Hunde), hat er vielleicht sogar Spaß daran, sich nach einer Wanderung in dieses Becken zu stellen und von Ihnen säubern zu lassen. Und an heißen Sommertagen kann der Vierbeiner sich darin auch wunderbar abkühlen. Aber nicht jeder Hund ist ein begeisterter Planscher, also seien Sie geduldig bei der Gewöhnung und nicht enttäuscht, wenn Ihr Hund keine Lust zeigt, sich freiwillig ins Wasser zu begeben. Wasserbegeisterte Hunde haben dagegen auch viel Freude daran, in Bächen, Seen oder sogar im Meer zu toben, Bälle oder andere Spielsachen daraus zu apportieren und auch richtig zu schwimmen. Für solche Vierbeiner ist das eine wunderbare Methode, um ihnen sehr viel gesunde Bewegung zu verschaffen.

Neben der Fellpflege und Säuberung sollten Sie Ihren Hund auch jederzeit am ganzen Körper untersuchen können, und auch dazu ist eine frühzeitige Gewöhnung sehr wichtig. Je enger die Bindung zwischen Hund und Mensch ist, desto größer ist die Vertrauensbasis, und Ihr Welpe oder ausgewachsener Hund lässt sich entspannt und ohne Gegenwehr an allen Körperstellen von Ihnen berühren und inspizieren, gegebenenfalls auch Medikamente auftragen oder verabreichen. Seien Sie immer geduldig und gehen Sie ruhig vor, wenn Sie sich der Reihe nach die Augen, die Ohren, die Nase, die Lefzen, das Gebiss, alle vier Pfoten mit Ballen und Krallen, den Bauch und auch das Hinterteil ansehen.

- Beim Augen-Check fassen Sie den Hundekopf mit einer Hand von oben, mit der anderen von unten und ziehen mit den beiden Daumen sanft die Augenlider jeweils etwas nach oben und unten, damit Sie die Bindehäute sehen können. Im gesunden Zustand sind diese blassrosa, bei Entzündungen dagegen dunkelrosa bis rötlich, eventuell mit wässrigem oder gar eitrigem Sekret verschmutzt – dann wird es Zeit, den Tierarzt aufzusuchen. Manche Hunderassen wie zum Beispiel Bernhardiner oder Bluthunde haben angezüchtete, nach unten hängende Unterlider (medizinisch „Ektropium"), wodurch die Bindehäute der Augen fast immer sichtbar und gerötet sind. Hunde mit sehr großen, runden Augen (Mops, Bulldogge) oder mit starker Faltenbildung am Kopf (Shar Pei, Chow-Chow) neigen zu sogenannten Roll-Lidern (medizinisch „Entropium"): Dabei rollt sich der innere Lidrand zum Auge hinein, sodass die Haare permanent auf der Hornhaut des Auges kratzen und so zu andauernden Schmerzen mit Tränenfluss und schweren Schäden am Auge führen. Durch eine Operation muss hier die Lid-Fehlstellung korrigiert werden.
- Auch die Ohren untersuchen Sie vorsichtig und reinigen den äußeren Gehörgang eventuell mit einem feuchten Tuch. Ist das Ohrinnere deutlich gerötet, verschmutzt oder verkrustet, kratzt sich der Hund vermehrt oder schüttelt häufig mit dem Kopf, sollten Sie ebenfalls den Tierarzt konsultieren, da es sich dabei um eine von Parasiten hervorgerufene Ohrenentzündung handeln kann, die für den Hund zumindest sehr unangenehm und auch schmerzhaft ist.
- Die Lefzen sind bei den meisten Hunderassen sauber und gut geschlossen. Manche Rassen wie Bulldoggen, Boxer oder Mastinos haben aber durch extreme Zuchtziele sehr schwere, herabhängende Lefzen, die nicht vollständig die Maulhöhle verschließen. Dadurch kommt es zu vermehrtem Speichelfluss, diese Hunde „sabbern" stark, und die Maulwinkel können verschmutzen oder verkleben.
- Die Nase des gesunden Hundes ist leicht feucht, sauber und kühl. Ist der Nasenspiegel verschmutzt oder sehr trocken, sollten Sie ihn mit einem weichen, feuchten Tuch vorsichtig säubern und mit einer milden Fettcreme oder Vaseline etwas einreiben. Nasenausfluss, vor allem wenn er schleimig, eitrig oder blutig ist, sollte immer vom Tierarzt auf die Ursache hin untersucht werden. Bei manchen Rassen

wurde die Nase züchterisch sehr stark verkürzt, sodass oft die Zunge gar nicht mehr komplett in die Maulhöhle passt und so sehr leicht austrocknet. Auch starke Faltenbildung im Bereich des Kopfes kann zu trockener Haut, Schmutz- und Sekretansammlungen in den Hautfalten oder gar Entzündungen und Ekzemen führen.

- Auch die Zähne und das Zahnfleisch Ihres Hundes sollten Sie regelmäßig kontrollieren. Bei einem Welpen wachsen zunächst im Alter von etwa drei bis vier Wochen die kleinen spitzen Milchzähne, 28 insgesamt. Ungefähr zwischen dem vierten und sechsten Lebensmonat fallen diese dann nach und nach aus, während die 42 bleibenden Zähne durchbrechen. Im Alter von sechs bis sieben Monaten sollte der Zahnwechsel abgeschlossen sein – finden Sie dann immer noch Milchzähne bei Ihrem Hund, sollte ein Tierarzt sich das einmal anschauen. Der Zahnwechsel verursacht bei manchen Hunden Schmerzen, bei anderen verläuft er fast unbemerkt. Viele Hunde kauen in dieser Zeit sehr ausgiebig auf Gegenständen herum, daher sollten Sie Ihrem Vierbeiner entsprechendes Kau-Spielzeug zur Verfügung stellen, bevor er sich an Tischbeinen und Teppichen zu schaffen macht. Vor allem bei einigen kleinwüchsigen Rassen kann es vorkommen, dass der neue Zahn bereits durchbricht, der Milchzahn aber nicht ausfällt – auch dann muss der Tierarzt helfen, um Schäden am bleibenden Gebiss zu vermeiden. ACHTUNG: Arzneimittel für den Einsatz bei Kleinkindern, um den Zahnwechsel zu erleichtern, sind für Hunde ungeeignet und großenteils sogar hochgiftig!
- Bei ausgewachsenen Hunden, vor allem bei kleinen Rassen, können sich mit der Zeit Ablagerungen auf den Zähnen bilden, welche dann zu Zahnstein verhärten – um Zahnfleischentzündungen und schließlich den Verlust von Zähnen zu vermeiden, sollte in gewissen Abständen eine professionelle Zahnreinigung beim Tierarzt durchgeführt werden. Auch das regelmäßige Zähneputzen bei Ihrem Hund mit einer ganz normalen Zahnbürste, aber bitte ohne Zahnpasta, kann dazu beitragen, dass Ihr Vierbeiner bis ins hohe Alter ein kräftiges und gesundes Gebiss behält. Durch die regelmäßige Kontrolle des Hundegebisses bemerken Sie auch Verletzungen, abgebrochene oder wackelige Zähne und Veränderungen am Zahnfleisch frühzeitig und können handeln.

- Hunde tragen keine Schuhe, laufen also immer barfuß. Die Pfotenballen, welche anatomisch den menschlichen Fingerkuppen entsprechen, werden beim erwachsenen Hund durch eine sehr dicke Hornhaut vor Verletzungen geschützt. Beim jungen Welpen ist diese Haut noch sehr viel weicher und verletzlicher. Auch können sich in den Zwischenzehenbereichen leicht Schmutz, Fremdkörper oder auch Dornen festsetzen, daher ist auch hier eine regelmäßige Kontrolle wichtig. Wenn der Hund deutlich lahmt, sollten immer zuerst die Pfoten nach Verletzungen oder Fremdkörpern abgesucht werden. Sind die Pfotenballen spröde und rissig, kann das Einreiben mit Vaseline helfen. Bei langhaarigen Hunden wachsen oft auch dichte Haare zwischen den Zehen, die mit der Zeit zu dicken Knäueln verfilzen und den Hund so beim Laufen behindern können – hier sollte beizeiten mit der Schere vorsichtig entgegengewirkt werden. Sind Sie unsicher, lassen Sie das den Hundefriseur machen. Im Winter bei Schnee und Eis bilden sich an diesen Haaren auch sehr schnell dicke Schneeklumpen, und der Hund kann nicht mehr ungehindert weiterlaufen. Streusalz ist nicht nur schädlich für die Pfoten, sondern kann auch zu Magen-Darm-Erkrankungen führen, wenn der Hund nach einem Winterspaziergang seine Pfoten ableckt. Daher sollten Sie im Winter die Hundefüße immer mit lauwarmem Wasser abwaschen, wenn Sie zurück nach Hause kommen.
- Auch bei der Krallenpflege brauchen manche Hunde Unterstützung. Je nach Härte der Krallen laufen sich diese mehr oder weniger gut von alleine ab. Gehen Sie mit Ihrem Hund viel auf unterschiedlichen, auch harten Untergründen spazieren, regelt sich die Krallenlänge wahrscheinlich von ganz alleine. Hunde, die wenig oder nur auf weichen Böden wie Gras und Sand laufen, haben aber keinen natürlichen Krallenabrieb. Auch Fehlstellungen der Gliedmaßen, falsche Ernährung, erbliche Anlagen oder rassetypische Merkmale können dazu führen, dass die Krallen länger wachsen als nötig. Als Faustregel gilt: Wenn der Hund beim normalen Gehen auf Holz- oder Fliesenboden deutliche Klack-Geräusche macht, sind die Krallen wahrscheinlich zu lang und sollten gekürzt werden. Dauerhaft zu lange Krallen können zu Schmerzen und dadurch wiederum zu Fehlstellungen der Pfoten führen. Das Kürzen der Krallen bedarf einiger Übung, am besten lassen Sie sich das zunächst von Ihrem Tierarzt einmal zeigen – da in jeder Hundekralle

Blutgefäße und Nerven sitzen, darf man nicht zu viel abschneiden, um diesen sensiblen Bereich nicht zu verletzen. Bei hell gefärbten Krallen kann man die Gefäße oft sehen, bei dunklen nicht. Und je länger die Kralle wächst, desto weiter wachsen auch die Gefäße und Nerven in die Kralle hinein, daher darf man sehr lange Krallen nur Stück für Stück kürzen: Etwa alle zwei Wochen immer nur die unterste Spitze abschneiden, bis die Kralle schließlich eine normale Länge erreicht hat. Die sogenannten Wolfskrallen, also die fünften Krallen, die alle Hunde an den Vorderpfoten und manche Rassen auch an den Hinterpfoten haben, nutzen sich von alleine gar nicht ab und müssen oft ebenfalls gekürzt werden, um Verletzungen durch Hängenbleiben zu vermeiden. Vor allem die Wolfskrallen an den Hinterpfoten haben oft keine knöcherne Verbindung zum Skelett und hängen nur locker am Bein des Hundes – um so leichter reißen sie ein und können zu sehr unschönen Verletzungen führen. Mit einem kleinen operativen Eingriff kann der Tierarzt diese Krallen komplett entfernen.

- Der Bauch des Hundes ist unbehaart, daher ist die Haut hier verletzlicher als am übrigen Hundekörper. Auch suchen Parasiten wie Zecken oder Flöhe gerne die warmen, feuchten Bereiche am Bauch und an den Innenschenkeln auf, um dort ungestört zu sitzen und zu speisen. Bringen Sie Ihrem Vierbeiner von Anfang an bei, sich auf Ihr Kommando entspannt auf die Seite zu legen, sodass Sie seine Unterseite und die Schenkel inspizieren können.

- Schließlich sollten Sie auch ab und zu unter den Schwanz Ihres Hundes schauen – das mögen viele Hunde nicht so gerne, daher ist es besonders wichtig, dass Sie ihn von Anfang an daran gewöhnen. Gehen Sie behutsam und vorsichtig vor und belohnen Sie ihn immer für braves Stillhalten. Die Analregion eines Hundes sollte immer sauber sein, denn normalerweise putzt sich ein gesunder Vierbeiner dort alleine. Viele Hunderassen sind aber gerade am Hinterkörper sehr stark und buschig behaart, sodass sich hier leicht Kotreste festsetzen können. Vor allem extreme Haartrachten wie etwa beim Puli oder Komondor, bei denen die Haare dichte Filzplatten bilden sollen, machen es den Hunden nahezu unmöglich, sich selber ausreichend zu pflegen und zu reinigen. Andere Hunde wie Möpse oder Bulldogs haben wegen ihrer stark verkürzen Nasen Probleme, ihre Analregion überhaupt mit der Zunge zu erreichen. Auch da muss dann vom Menschen bei der Pflege nachgeholfen werden. Riecht Ihr Vierbeiner sehr unangenehm am Hinterteil, können auch die seitlich des Anus sitzenden Analdrüsen verklebt oder verstopft sein. Hier sollte der Tierarzt konsultiert werden, der diese Drüsen spült und behandelt, um einer Entzündung entgegenzuwirken.

Führen Sie diese genannten Pflegemaßnahmen und Untersuchungen regelmäßig bei Ihrem Vierbeiner durch, können Sie sehr viele Veränderungen oder Krankheiten bereits im Entstehen erkennen und rechtzeitig einschreiten, bevor es schlimmer wird.

6.2. IMPFUNGEN

Gegen einige besonders gefährliche Infektionskrankheiten gibt es sehr wirksame Impfstoffe, welche den Hund zuverlässig vor einer Ansteckung schützen. Durch die Injektion abgeschwächter und unschädlich gemachter Krankheitserreger oder Teilen davon wird der Organismus des Hundes dazu angeregt, Antikörper zu produzieren, welche bei einem Kontakt mit dem echten Erreger dann aktiv werden und eine

Erkrankung verhindern. Nach einer entsprechenden Grundimmunisierung mit Kombinationspräparaten bereits im Welpenalter müssen die Impfungen in bestimmten Abständen von ein, zwei oder drei Jahren regelmäßig wiederholt werden, um den Impfschutz aufrechtzuerhalten. Da mehrere dieser Krankheiten Zoonosen und somit auch für den Menschen gefährlich sind, empfehlen die nationalen Impfkommissionen hier einen regelmäßigen Impfschutz für Hunde. Für die Einreise in andere Länder oder zurück nach Deutschland sind Impfungen gegen die nachfolgend genannten Krankheiten sogar verpflichtend vorgeschrieben:

- Staupe (auch Canine Distemper oder Carré'sche Krankheit): Eine häufig schwer bis tödlich verlaufende, hoch ansteckende Virus-Erkrankung mit zum Teil sehr unterschiedlichen Symptomen wie Fieber, Durchfall und Erbrechen, Abmagerung, Augen-, Rachen- und Lungenentzündung mit Niesen und Husten, Hautrötungen und entzündliche Hautverdickungen an Nase und Ballen, nervalen Ausfallserscheinungen wie Lahmheit, Krämpfen oder Muskelzucken.
- Hepatitis contagiosa canis (HCC): Der Erreger, ein Adenovirus, wird oft über kontaminiertes Wasser oder Futter aufgenommen, ist ebenfalls sehr ansteckend und verursacht Symptome wie Fieber, allgemeine Abgeschlagenheit, Augen- und Rachenentzündung mit Schluckbeschwerden, Nierenentzündung, schließlich bei Befall der Leber Durchfall, Erbrechen und plötzliche Todesfälle.
- Leptospirose (auch Stuttgarter Hundeseuche): Hier ist der Erreger ein Bakterium, welches auch auf den Menschen übertragbar ist und in Erde oder stehenden Gewässern wie Pfützen oder Tümpeln vorkommt; vor allem bei jungen oder immungeschwächten Hunden kann es zu schweren Organerkrankungen mit Fieber, Erbrechen und Durchfall, Abgeschlagenheit und Schwäche und schließlich zum Tod führen.
- Parvovirose (auch Hundeseuche oder Panleukopenie): Dieses hochansteckende Virus führt vor allem bei Welpen und Junghunden zu akutem blutigen Durchfall, starkem Erbrechen, hohem Fieber und Austrocknung, schließlich zum Tod des Hundes; überlebt ein Hund die Erkrankung, trägt er meist schwere Herzschäden davon, die auch als Spätfolge noch zum Tod führen können.

- Tollwut (auch Rabies oder Lyssa): Diese hoch ansteckende Viruserkrankung ist meldepflichtig, da sie durch Speichelkontakt oder Biss von Wildtieren (Füchse, Fledermäuse) auf Hunde, Katzen, andere Tierarten und auch auf den Menschen übertragen werden kann und sowohl beim Hund wie auch beim Menschen tödlich verläuft; ein an Tollwut erkrankter Hund verändert sich im Wesen, wird scheu, nervös, aggressiv, unruhig, beißt in Gegenstände, speichelt extrem, bellt heiser und stirbt schließlich an Lähmungen oder Erschöpfung.

Das empfohlene Impfschema für diese Prophylaxe:

Mit 8 Wochen: Staupe / Hepatitis / Leptospirose / Parvovirose.
Mit 12 Wochen: Staupe / Hepatitis / Leptospirose / Parvovirose / Tollwut.
Mit 16 Wochen: Staupe / Hepatitis / Parvovirose / Tollwut.
Mit 15 Monaten: Staupe / Hepatitis / Leptospirose / Parvovirose / Tollwut.
Danach jährliche Auffrischung: Leptospirose.
Auffrischung alle 2-3 Jahre (je nach Hersteller-Angabe): Staupe / Hepatitis / Parvovirose / Tollwut.

Der Nachweis der durchgeführten Impfungen wird im blauen EU-Heimtierausweis dokumentiert und durch Stempel und Unterschrift des behandelnden Tierarztes bestätigt. Für den Grenzübertritt innerhalb der EU und auch in Drittländer ist das Mitführen eines solchen Ausweises Pflicht.

Über die genannten schweren Infektionskrankheiten hinaus kann auch gegen weitere Erkrankungen durch Impfungen ein weitestgehender Schutz des Hundes erzielt werden. Da diese Krankheiten aber meist nur für den Hund gefährlich sind oder nur in bestimmten Ländern oder Gebieten auftreten, sollte im Einzelfall der behandelnde Tierarzt um Rat gefragt werden. Hierzu zählen folgende Krankheiten:

- Zwingerhusten (oder Parainfluenza): Diese Viruserkrankung breitet sich vor allem in größeren Hundegruppen (Hundezucht, Tierheime) schnell aus und führt zu trockenem Husten, der bei geschwächten Tieren auch zu schweren Verläufen mit Lungenentzündung und zum Tod führen kann; eine jährliche Impfung nach Grundimmunisierung wird hier empfohlen.
- Hautpilz-Erkrankungen: In größeren Hundegruppen (Zuchten, Tierheime) können sich verschiedene Pilzerkrankungen schnell ausbreiten, und auch Menschen können sich bei Berührung leicht anstecken; die unangenehmen Symptome wie juckende Hautstellen, Rötungen, Schuppen- und Krustenbildung können durch eine Impfung deutlich abgeschwächt werden.
- Borreliose (auch Lyme-Borreliose): Über den Stich infizierter Zecken werden diese Bakterien auf den Hund übertragen und können leichte bis schwere Krankheitssymptome wie Gelenkschmerzen, Krämpfe und Lähmungen, Herzprobleme und schlimmstenfalls den Tod des Hundes verursachen; neben einer Impfung ist vor allem eine prophylaktische Behandlung gegen Ektoparasiten wie Zecken ein wirksamer Schutz, da die Zecke für eine Erreger-Übertragung für mindestens 6-24 Stunden am Hund festgesaugt bleiben muss.
- Babesiose (auch Hundemalaria): Auch diese Krankheit, bei der Einzeller die roten Blutkörperchen zerstören, wird über Zecken vor allem in Süddeutschland und den Mittelmeerländern auf den Hund übertragen und führt zu schweren Symptomen wie Fieber, Leber- und Nierenschäden bis hin zum Tod; auch hier ist die Impfung empfehlenswert, wenn der Hund in die besonders gefährdeten Gebiete mitgenommen werden soll.
- Leishmaniose: Diese von Sand- oder Schmetterlingsmücken übertragene Krankheit wird durch einzellige Blutparasiten verursacht und kommt ursprünglich vor allem in südlichen Ländern des Mittelmeerraumes vor; bedingt durch den Klimawandel breitet sich die Sandmücke aber auch immer weiter nördlich aus und hat bereits Deutschland erreicht; zwischen der Infektion und dem Ausbruch der Krankheit können Monate bis Jahre vergehen, die Symptome sind sehr vielfältig, eine Behandlung des Hundes ist langwierig und schwierig, und eine Heilung ist nicht möglich; die vorhandenen Impfstoffe können die Infektion zwar nicht

verhindern, aber das Erkrankungsrisiko deutlich vermindern; vor allem Hunde, welche aus südlichen Ländern nach Deutschland eingeführt werden, haben ein erhöhtes Risiko, an Leishmaniose zu erkranken.

6.3. PARASITENBEKÄMPFUNG

Hunde werden von zahlreichen unterschiedlichen Parasiten heimgesucht, die teils unangenehm, teils krankmachend und nicht zuletzt sogar auf den Menschen übertragbar sein können. Man unterscheidet zwischen äußeren oder auch Ektoparasiten und inneren oder auch Endoparasiten, die alle mit entsprechenden Mitteln bekämpft werden sollten, entweder vorsorglich oder spätestens sobald ein Befall erkannt wird.

Die wichtigsten Ektoparasiten:

Zecken: Die blutsaugenden Zecken warten in der wärmeren Jahreszeit auf Grashalmen, an tief hängenden Zweigen oder im Gebüsch darauf, dass ein passender Wirt vorbeikommt, lassen sich dann sofort fallen, suchen kriechend nach einer geeigneten Körperstelle und stechen ihren Saugrüssel durch die Haut des Hundes (oder auch des Menschen). Bevorzugt suchen sie sich Körperstellen, an denen es warm und etwas feucht und die Haut gut durchblutet und dünn ist, etwa hinter den Hundeohren, rund um die Augen, an der Schnauze, am Hals oder in den Schenkelbeugen. Danach bleiben sie mehrere Tage an derselben Stelle sitzen, um sich vollzusaugen. Dabei wachsen sie von winziger Stecknadelkopf-Größe auf den Umfang etwa einer Heidelbeere heran, wenn sie nicht rechtzeitig entdeckt und beseitigt werden. Die Haut um die Stichstelle entzündet sich leicht und der Speichel der Zecke ruft sehr unangenehmen Juckreiz hervor. Das allein ist zwar nicht gefährlich, aber Zecken können zahlreiche Krankheiten übertragen, die für den Hund durchaus gefährlich sind und auch zum Tod führen können, wie die bereits erwähnte Lyme-Borreliose, die Babesiose oder auch das sogenannte Zeckenfieber/Ehrlichiose. Dabei ist die Verbreitung der verschiedenen Krankheitserreger regional sehr unterschiedlich. Grundsätzlich sollte der Hund nach jedem Aufenthalt in Feld und Wald nach Zecken abgesucht werden. Hat sich eine Zecke bereits festgesaugt, wird sie mit einem entsprechenden Werkzeug (spezielle Zeckenzange, Zeckenhaken) vorsichtig herausgezogen oder -gedreht. Dabei soll der Zeckenkörper möglichst nicht gequetscht werden, um den Speichel der Zecke nicht zusätzlich in den Hund zu drücken. Ein wirksamer Schutz gegen Zecken ist der Einsatz von speziellen Präparaten, welche als Spray oder Spot-On auf die Haut des Hundes aufgetragen werden, sich dann über die gesamte Haut verbreiten und die Blutsauger zum einen durch den Geruch abschrecken und zum anderen dennoch sich festsaugende Zecken innerhalb kürzester Zeit abtöten. Auch in Tablettenform gibt es wirksame Mittel gegen Zecken. Alle diese Mittel sollten während der aktiven Zeckenzeit mehrmals und regelmäßig angewendet werden. Da nicht jede Hunderasse jedes Anti-Zecken-Präparat verträgt, sollten Sie immer mit Ihrem Tierarzt das passende Präparat für Ihren Hund absprechen.

Flöhe: Auch Flöhe ernähren sich vom Blut ihres Wirtes. Anders als Zecken leben die erwachsenen Flöhe im Fell des Hundes, um jederzeit Nahrung aufnehmen zu können. Juckreiz, Hautrötungen, allergische Reaktionen bis hin zu Haarausfall können als Symptome auftreten. Außerdem können Flöhe Bandwürmer auf den Hund übertragen. Ihre Eier legen die Flöhe so ab, dass sie in unmittelbarer Umgebung des Hundes herunterfallen, sich weiterentwickeln und schließlich als Floh wieder auf den Hund „umziehen". Ein massiver Flohbefall des Hundes hat also immer auch eine Verseuchung der Umgebung zur Folge, und die Flöhe sitzen schließlich auf dem Hundeplatz, in Kissen und Decken, aber auch in Teppichböden und Polstermöbeln. Und da Flöhe nicht sehr wählerisch sind, können sie auch schnell mal ein menschliches Bein zur Nahrungsquelle umfunktionieren. Hat es den Hund „erwischt" und die Flöhe haben sich ausgebreitet, dann muss neben dem Hund selber unbedingt auch die gesamte Wohnung behandelt werden. Am Hund direkt wirken die gleichen Präparate, die schon bei den Zecken genannt wurden, und zwar auch bereits prophylaktisch, um es gar nicht erst so weit kommen zu lassen. Für die Umgebungsbehandlung gibt es Sprays oder sogenannte Fogger, die einen insektiziden Wirkstoff als feinen Nebel im gesamten Raum verteilen und so in jede Ritze vordringen. Decken und Kissen des

Hundes sollten zusätzlich abgesaugt, gewaschen und einzeln eingesprüht werden, und auch Ihr Auto sollten Sie entsprechend behandeln.

Läuse und Haarlinge: Ähnlich wie Flöhe verursachen auch Läuse und Haarlinge starken Juckreiz und Hautveränderungen. Allerdings kommen diese Parasiten bei gut gepflegten Haushunden praktisch nicht mehr vor.

Milben (es gibt zahlreiche Milben-Arten, welche dem Hund Probleme bereiten können):
- Die Larve der Herbstgrasmilbe führt bei vielen Hunden zu starkem Juckreiz, allergischen Reaktionen und Hautveränderungen vor allem an Pfoten, Bauch und Kopf.
- Die Raubmilbe lebt auf der Hautoberfläche und verursacht Juckreiz und schuppige Stellen vor allem auf dem Rücken des Hundes.
- Die Räudemilbe (Sarkoptes) gräbt Tunnel in die Haut des Hundes und löst damit Hautirritationen, Juckreiz und allergische Reaktionen aus, schließlich verdickt sich die Haut an den befallenen Stellen.
- Die Haarbalgmilbe (Demodex) kommt auch bei gesunden Hunden in den Haarfollikeln und Talgdrüsen regulär vor, kann aber bei Hunden mit geschwächtem Abwehrsystem oder Jungtieren zu geröteten, haarlosen Stellen und Schuppenbildung vor allem im Kopfbereich und an den Beinen und Pfoten führen.

Ein Verdacht auf Milbenbefall muss vom Tierarzt mittels Hautgeschabsel abgeklärt werden, um das passende Präparat zur Behandlung zu finden. Alle im Haushalt lebenden Tiere (Hunde und Katzen) sollten vorsichtshalber mit behandelt werden, da Milben sehr leicht von einem Tier auf die anderen übertragen werden. Prophylaktische Präparate gegen Zecken und Flöhe helfen auch vorbeugend gegen Milben.

Ohrmilben: Diese spezielle Milbenart (Otodectes Cynotis) befällt den äußeren Gehörgang des Hundes und führt zu starkem Juckreiz und entzündlichen Reaktionen im Ohr. Vor allem Hunde mit Schlappohren, bei denen der äußere Gehörgang nur schlecht belüftet wird, erkranken häufig daran. Braune, bröckelige Ablagerungen in der Ohrmuschel und am Eingang zum Gehörgang und ein deutlich gerötetes Ohrinnere weisen auf einen Befall mit dieser Milbe hin. Der Hund kratzt sich häufig am Ohr, schüttelt immer wieder heftig mit dem Kopf und versucht so, dem Juckreiz entgegenzuwirken. Zur Behandlung müssen die Gehörgänge vom Tierarzt zunächst gereinigt und untersucht werden, bevor beidseitig mehrfach die entsprechenden Medikamente angewendet werden können. Da auch diese Milbe sehr leicht auf andere Tiere übertragen wird, sollten alle Hunde und Katzen eines Haushaltes vorsorglich mit behandelt werden. Auch gegen diese Milbe wirken die bereits erwähnten prophylaktischen Mittel gegen Zecken und Flöhe vorbeugend.

ACHTUNG: Haben Sie Ihren Hund gegen Ektoparasiten behandelt, sollten Sie ausgebürstete Hundehaare unbedingt über den Hausmüll entsorgen – es gibt Hinweise darauf, dass Jungvögel sterben können, wenn belastete Hundehaare von den Altvögeln als Nistmaterial verwendet werden!

Die wichtigsten Endoparasiten:

Spulwürmer: Diese am häufigsten bei Hunden vorkommende Wurmart (Toxocara canis) zählt zu den Fadenwürmern und siedelt im Dünndarm des Hundes. Die Ansteckung beim Welpen erfolgt bereits in der Gebärmutter oder über die Muttermilch, daher ist es sehr wichtig, eine Hündin und ihre Welpen regelmäßig gegen Würmer zu behandeln. Welpen aus schlechter Haltung sind praktisch immer infiziert und durch den starken Wurmbefall kränkelnd und schwächlich. Husten, Appetitlosigkeit, Durchfall, Erbrechen und ein aufgeblähter, schmerzhafter Bauch sind deutliche Anzeichen für einen starken Spulwurmbefall. Erwachsene Hunde infizieren sich über den Kot anderer betroffener Hunde oder durch die Aufnahme von befallenen Zwischenwirten wie Mäusen. Symptome können Durchfall, Erbrechen und Abgeschlagenheit sein. Da es am Anus juckt, rutschen befallene Hunde häufig mit dem Po über den Boden (sogenanntes Schlittenfahren). Ausgeschiedene Wurmeier können sich im Fell des Hundes rund um den Anus festsetzen und dann auch vom Menschen aufgenommen werden, wenn er den Hund streichelt. Für Menschen, vor allem Kinder kann dieser Wurm zu ernsthaften Krankheitserscheinungen führen, da die Larve durch den Körper wandern und zu Lungenentzündungen oder Augenerkrankungen bis hin zu Erblindung führen kann. Eine regelmäßige Entwurmung ist also besonders wichtig, wenn auch Kinder zum Haushalt gehören.

Bandwürmer: Diese zählen zu den Plattwürmern und besiedeln ebenfalls hauptsächlich den Darm, können aber auch andere Organe wie etwa das Gehirn befallen. Auch diese Würmer können vom Hund auf den Menschen übertragen werden. Hunde infizieren sich entweder über ausgeschiedene Wurmeier oder Wurmteile im Kot anderer Hunde oder durch die Aufnahme von Zwischenwirten oder rohem Fleisch, da die Parasitenlarven sich in der Muskulatur ihrer Zwischenwirte abkapseln und sogenannte Finnen bilden. Wer seinen Hund nach der BARF-Methode mit rohem Fleisch füttert, sollte entsprechend häufig auch eine Entwurmung durchführen. Auch Flöhe übertragen manche Bandwurmarten (Gurkenkernbandwurm), daher muss bei einem Flohbefall neben der Ekto- auch die Endoparasitenbehandlung bedacht werden.

Ein vor allem für den Menschen sehr gefährlicher Parasit ist der Fuchsbandwurm (Echinococcus multilocularis), der auch Hunde befällt und von da auf den Menschen übertragen werden kann. Die verkapselten Larven lagern sich zunächst in der Leber an und werden von dort aus über den gesamten Körper verteilt. Eine Heilung ist praktisch nicht möglich, der Befall mit diesem Parasiten führt beim Menschen in der Regel zum Tod. Zwar ist diese Wurmart in Deutschland durch konsequente Behandlung auch der Fuchsbestände relativ gut unter Kontrolle, dennoch sollte ein Hund, der sich viel im Wald und im Unterholz bewegt, regelmäßig mindestens alle drei bis vier Monate mit entsprechenden Mitteln behandelt werden. Fragen Sie Ihren Tierarzt nach den geeigneten Präparaten.

Lungen- und Herzwürmer: Hier spielen verschiedene Wurmarten eine Rolle, die ursprünglich in Deutschland nicht vorkamen, aber durch geänderte Klimaverhältnisse und importierte Hunde aus dem Mittelmeerraum und Osteuropa vermehrt auch hierzulande zu Erkrankungen führen. Vor allem der Herzwurm Dirofilaria immitis, der durch Stechmücken übertragen wird, tritt inzwischen häufiger auch in unseren Breiten auf und führt bei schwerem Befall zu Schäden am Herzen und an den Blutgefäßen des Hundes. Auch gegen diese Wurmarten gibt es prophylaktisch wirksame Medikamente.

Einzeller: Hier existieren unterschiedliche Erreger, die den Hund krank machen können.

- Giardien sind einzellige Organismen, welche im Darm des Hundes leben und leichte bis schwere Durchfälle und Erbrechen auslösen können. Vor allem junge Hunde und solche in größeren Hundehaltungen (Zucht, Tierheim) sind häufig infiziert und erkrankten durch die wiederholte Aufnahme von infiziertem Kot oder Verunreinigungen immer wieder.

- Leishmanien sind einzellige Parasiten, die durch Mücken übertragen werden und vor allem im Mittelmeerraum verbreitet sind. Da die Krankheit erst Monate oder sogar Jahre nach der Infektion auftritt, ist es oft schwierig, die Ursache zu ermitteln. Symptome wie Haarausfall, Schuppenbildung, Hautgeschwüre und Entzündungen, wechselndes Fieber, Nierenstörungen und Lahmheit weisen auf die Erkrankung hin und sollten mittels Blutuntersuchung abgeklärt werden. Es gibt Impfstoffe, mit denen das Erkrankungsrisiko minimiert werden kann.

- Babesien werden durch Zecken übertragen und befallen die roten Blutkörperchen des Hundes. Auch diese Parasiten kommen vor allem in wärmeren Gebieten vor, sind aber aufgrund der Klimaveränderungen auch immer mehr auf dem Vormarsch in unsere Breiten. Die Symptome der Erkrankung sind vielfältig, es können Fieber, Blutarmut, Erbrechen und Gelbfärbungen der Schleimhäute auftreten. Leber- und Nierenschäden führen bei einem schweren Verlauf auch zum Tod des Hundes. Auch gegen diese Erreger gibt es Impfstoffe.

6.4. KRANKHEITSANZEICHEN BEIM HUND

Je besser Sie Ihren Hund beobachten und kennen, desto eher wird Ihnen auch auffallen, wenn sich sein Verhalten ändert. Ein Hund, der normalerweise sehr lebhaft und bewegungsaktiv ist und nun plötzlich müde, unlustig und träge wirkt, fühlt sich offensichtlich nicht wohl. Unruhe, häufige Platz- oder Stellungswechsel, ängstliches Verhalten, Lautäußerungen wie Winseln, Heulen oder Stöhnen deuten darauf hin, dass mit dem Vierbeiner etwas nicht stimmt. Lahmheit, ein hochgezogener Bauch oder die „Gebetsstellung" (Po nach oben, Vorderkörper gesenkt, Vorderbeine nach vorne gestreckt), Abwehrreaktionen bei Berührung deuten auf Schmerzen hin, und wird ein Hund scheinbar grundlos plötzlich aggressiv, kann dies auch eine körperliche Ursache haben. Auch sichtbare Veränderungen am Fell, der Haut oder den Schleimhäuten geben oft schon entscheidende Hinweise auf das Vorliegen einer Erkrankung. Juckreiz mit häufigem Kratzen und Lecken oder heftiges Kopfschütteln, plötzlich vermehrter oder verminderter Appetit, deutlich stärkerer Durst, Hecheln ohne vorherige körperliche Anstrengung, Durchfall und/oder Erbrechen sind immer Warnsignale und sollten vom Tierarzt abgeklärt werden.

Messbare Parameter, die einen Hinweis auf mögliche Erkrankungen geben, sind die Körpertemperatur, die Herz- und Atemfrequenz und die Farbe der Schleimhäute:

Um die Körpertemperatur beim Hund zu messen, wird ein digitales Fieberthermometer mit etwas Vaseline oder Öl an der Spitze gleitfähig gemacht und vorsichtig etwa zwei Zentimeter in den Anus des Hundes eingeführt. Die normale Körpertemperatur liegt bei Hunden etwa zwischen 37,5 und 39 °C, also deutlich höher als beim Menschen, wobei große und ältere Hunde eher niedrige Werte haben, kleine und junge Hunde eher höhere. Bei kleinen Welpen sind Werte bis zu 39,5 °C noch normal. Sowohl eine erhöhte als auch die verminderte Körpertemperatur ist ein Hinweis auf eine Erkrankung.

Den Herzschlag Ihres Hundes können Sie direkt an der linken Brustseite fühlen. Auch den Pulsschlag kann man beim Hund ertasten, am besten geht das an der Beinschlagader an der Innenseite des Oberschenkels. Diese Untersuchung sollten Sie bereits bei Ihrem gesunden Hund häufig üben, denn es braucht etwas Erfahrung, um den Puls sicher zu fühlen. Fassen Sie mit Zeige- und Mittelfinger der Hand in die Beinfalte am Hinterbein des Hundes, wo die Haut sehr dünn und zart ist. Halten Sie Ihre Finger in aller Ruhe eine Weile dort, bis Sie die pochende Blutader fühlen können. Schauen Sie auf eine Uhr mit Sekundenzeiger und zählen Sie für 15 Sekunden jeden Pulsschlag. Diesen Wert multiplizieren Sie dann mit 4 und haben so die Herzfrequenz des Hundes. Da diese je nach Größe und Alter eines Hundes sehr unterschiedlich sein kann (Werte zwischen 70 und 180 Schlägen/Minute können normal sein!), empfiehlt es sich, bei Ihrem gesunden Hund immer wieder einmal die Herzfrequenz zu messen, und zwar im Ruhezustand genauso wie nach Anstrengung. Dann können Sie im Ernstfall am besten beurteilen, ob sich der Puls entscheidend verändert hat.

Die Atemfrequenz kann man am besten am ruhenden Hund durch das regelmäßige Heben und Senken des Brustkorbs ermitteln. Je nach Größe sind im Ruhezustand 10-30 Atemzüge pro Minute normal.

Die Durchblutung der Schleimhäute an den Augen und im Maul des Hundes geben ebenfalls Hinweise auf mögliche Erkrankungen. Sind sie im Normalzustand blassrosa gefärbt, weist eine deutliche Rötung oder eine porzellanweiße Färbung auf gesundheitliche Probleme hin.

Mögliche Krankheitsanzeichen	Dringlichkeit der Behandlung
Apathie, Müdigkeit, Bewegungsunlust	1-3 Tage
Appetit vermindert oder vermehrt	2-3 Tage nach Feststellung
Atemnot	dringend zum Tierarzt
Augenausfluss wässrig / schleimig / eitrig	1-2 Tage
Bauch angespannt / „Gebetsstellung"	bald zum Tierarzt
Bauch plötzlich dick, prall, schmerzhaft, blasse Schleimhäute	so schnell wie möglich zum Tierarzt (telefonisch Verdacht auf Magendrehung ankündigen)
Bindehäute am Auge / im Maul sehr blass oder deutlich gerötet	bald zum Tierarzt
Erbrechen, Durchfall	wenn blutig, sofort zum Tierarzt
Erhöhte Herzfrequenz	bald zum Tierarzt
Fell stumpf / verschmiert / brüchig	bald nach Feststellung
Fieber	bald zum Tierarzt
Gehörgang gerötet / verschmutzt / verkrustet	1-2 Tage
Haarausfall partiell oder flächig	bald nach Feststellung
Haut gerötet / verfärbt / trocken / schuppig / schmierig / eitrig	bald nach Feststellung
Hecheln ohne Anstrengung	bald zum Tierarzt
Hinken / Lahmheit	1-3 Tage je nach Heftigkeit
Husten	1-2 Tage
Juckreiz / vermehrtes Kratzen oder Lecken	bald nach Feststellung
Kopfschütteln / Kopfschiefhaltung	1-2 Tage
Krämpfe	sofort zum Tierarzt
Maulgeruch	nach Beobachtung

Mögliche Krankheitsanzeichen	Dringlichkeit der Behandlung
Nasenausfluss wässrig / eitrig / blutig	bei Blut schnell, sonst 1-2 Tage
Rutschen auf dem Hinterteil / „Schlittenfahren"	1-2 Tage
Taumeln, Kollabieren	sofort zum Tierarzt
Unruhe, Nervosität, Ängstlichkeit	bald zum Tierarzt
Urinabsatz vermindert oder vermehrt	bei Blut im Urin schnell zum Tierarzt
Verstopfung, Pressen ohne Kotabsatz	bald zum Tierarzt
Verwirrung, plötzliche Aggressivität	schnell zum Tierarzt
Wasseraufnahme vermindert oder vermehrt	1-2 Tage nach Feststellung

6.5. ERSTE-HILFE-MAßNAHMEN

In akuten Notfällen können Sie durch besonnenes Handeln und eine fachgerechte Erstversorgung oft entscheidend dazu beitragen, dass Ihr Vierbeiner die Sache glimpflich übersteht und wieder gesund wird. Ganz wichtig ist es, zunächst Ruhe zu bewahren, auch wenn eine Notfallsituation immer auch nervenaufreibend für den Hundebesitzer ist. Ein Unfall, klaffende und stark blutende Wunden oder Knochenbrüche, plötzliches ungewohntes Verhalten des Hundes wie Krampfanfälle sind Ausnahmesituationen, und je besser Sie sich vorab theoretisch darauf vorbereitet haben, desto sachlicher können Sie agieren.. Bestenfalls besuchen Sie einmal einen Erste-Hilfe-Kurs für Hunde, wie sie von vielen Tierarztpraxen angeboten werden. Dort werden Ihnen die entsprechenden Maßnahmen und Handgriffe gezeigt, sodass Sie im Ernstfall nicht lange überlegen müssen, sondern schnellstmöglich handeln können. Ihr Tierarzt kann Sie auch bei der Zusammenstellung einer Notfall-Apotheke und eines Erste-Hilfe-Kastens für Ihren Hund beraten.

Gehen Sie in jedem Notfall nach folgendem Ablauf vor:

1. Verschaffen Sie sich einen ersten Überblick über die Situation: Was ist passiert, wie sehen die Verletzungen oder Symptome aus?
4. Verständigen Sie die Tierarztpraxis oder Klinik und geben die relevanten Befunde durch.
5. Legen Sie Ihrem Hund sicherheitshalber einen Maulkorb oder eine Maulschlinge an, da der Schockzustand oder die Schmerzen dazu führen können, dass der Hund unkontrolliert um sich beißt.
6. Je nach Situation lagern Sie den Hund so vorsichtig wie möglich (am besten auf einer Decke, die Sie mithilfe einer weiteren Person als Trage benutzen können) in einen Pkw und bringen ihn zur Praxis/Klinik. Eine Versorgung sollte bestenfalls immer dort erfolgen, da der Tierarzt in seiner Praxis alle notwendigen Geräte und Medikamente zur Verfügung hat. Rettungswagen mit entsprechender Ausstattung für Tiere gibt es in Deutschland nur vereinzelt in einigen Großstädten.

Einige mögliche Notfälle und Maßnahmen:

- Bei schweren Verletzungen sprechen Sie den Hund an und prüfen seine Körperfunktionen; blutende Wunden an den Gliedmaßen werden durch Abbinden (am besten geht das mit einem Gürtel) gestillt, an anderen Körperstellen mittels Druckverband erstversorgt.
- Bei Knochenbrüchen sollte die betroffene Gliedmaße locker und vorsichtig weich abgepolstert werden, um den Transport einigermaßen schonend zu ermöglichen.

- Bei Atemproblemen oder gar Atemstillstand den Hund auf die rechte Körperseite legen, Zunge aus dem Fang herausziehen und auf Fremdkörper oder Erbrochenes untersuchen; atmet der Hund dennoch nicht, muss künstlich beatmet werden: Zunge in den Fang zurückschieben, diesen zuhalten und über die Nase einige tiefe Atemzüge in den Hund pusten, sodass sich der Brustkorb deutlich hebt und senkt; oft setzt so die Eigenatmung wieder ein; falls nicht, weiter beatmen, bis die Tierarztpraxis erreicht wird (unbedingt eine andere Person das Auto fahren lassen!).

- Ein Herzstillstand wird zunächst ähnlich behandelt: Hund auf rechte Seite lagern, Zunge vorsichtig herausziehen und Maul auf Fremdkörper/Erbrochenes kontrollieren; den Brustkorb direkt hinter dem linken Ellbogen mit der flachen Hand 10 x in kurzen Abständen zusammendrücken (je nach Größe des Hundes den Druck entsprechend anpassen) – setzt der Eigenherzschlag nicht wieder ein, muss die Herzdruckmassage bis zur Übernahme des Tierarztes weitergeführt werden; es kann hilfreich sein, sich für die Wiederbelebung einen Song mit schnellem Rhythmus ins Gedächtnis zu rufen und in diesem Takt die Druckfrequenz zu halten (Klassiker: „Stayin' Alive" von den Bee Gees oder „Atemlos durch die Nacht" von Helene Fischer, jeweils etwa 100 Takte pro Minute).

- Beim Verdacht auf eine Vergiftung prüfen Sie die Körperfunktionen (Temperatur, Puls, Atmung, Schleimhäute); wissen Sie, was Ihr Hund aufgenommen hat, oder haben Sie Reste der Substanz gefunden, teilen Sie dies dem Tierarzt mit bzw. nehmen diese mit zur Praxis (Vorsicht: tragen Sie Handschuhe oder verwenden einen Kotbeutel zur Aufnahme der Substanz); versuchen Sie NICHT, den Hund zum Erbrechen zu bringen oder ihm Wasser oder gar Milch einzuflößen, sondern schaffen Sie ihn schnellstmöglich in die Praxis/Klinik.

- Bei äußeren Reizungen/Verätzungen spülen Sie die betroffenen Stellen mit viel klarem Wasser, decken die Wunden steril ab und fahren zum Tierarzt.

- Verbrennungen werden je nach Schwere zunächst mit kaltem Wasser gekühlt (nur wenn keine Brandblasen zu sehen sind) und ebenfalls für den Transport zum Tierarzt steril abgedeckt.

- Vor allem Hunde mit sehr kurzem Fell können bei hohen Außentemperaturen einen Hitzschlag erleiden; die Körpertemperatur steigt stark an, die Hunde hecheln sehr schnell und können krampfen, gar bewusstlos werden; dann den Hund sofort in den Schatten tragen und mit feuchten Tüchern langsam (!!) von den Pfoten aufwärts in Richtung Herz abkühlen; unbedingt beim Tierarzt vorstellen.

- Auch Insektenstiche können bei Hunden zu einem Notfall führen, wenn z. B. der Stich innerhalb der Maulhöhle erfolgt, nachdem der Hund eine Biene oder Wespe geschnappt hat; kühlen Sie mit kalten Wasser oder einem Eiswürfel; schwillt der Fang oder gar der Hals deutlich an und hat der Hund Probleme beim Atmen, suchen Sie so schnell wie möglich den Tierarzt auf.

- Die bereits erwähnte Magendrehung kommt vor allem bei mittelgroßen bis gro-ßen Hunden vor, besonders wenn nach der Futteraufnahme getobt oder gerannt wird; durch die Drehung des Magens um die Längsachse können Verdauungsgase nicht mehr entweichen, der Bauch bläht sich sehr schnell und sichtbar auf, drückt auf Zwerchfell, Herz und Lunge, der Hund hechelt, zeigt Schmerzen, kann nicht richtig atmen und kollabiert schließlich; dieser Zustand ist akut lebensbedrohlich, der Hund muss schnellstmöglich operiert werden, um sein Leben zu retten!

6.6. DIE WICHTIGSTEN HUNDE-KRANKHEITEN VON A-Z

- **Adipositas:** Übergewicht oder Fettleibigkeit ist keine eigene Erkrankung, aber sehr häufig die Ursache für viele ernstzunehmende Krankheiten beim Hund.
- **Allergien:** Genau wie beim Menschen kommen bei Hunden viele unterschiedliche Allergien vor, zum Beispiel auf Futterinhaltsstoffe, Medikamente, Reinigungsmit-tel, Pollen, Flohspeichel, Milchzucker; manche Hunde reagieren mit Hautreizun-gen oder Juckreiz, andere mit Erbrechen und Durchfall, Bindehautentzündung und Tränenfluss.
- **Analdrüsenentzündung:** Verstopfung oder Infektion der Analdrüsen mit Juck-reiz am Anus, „Schlittenfahren" und vermehrtem Lecken im Analbereich.
- **Anaplasmose:** Eine durch Zecken übertragene bakterielle Erkrankung mit Fieber, Gelenkschmerzen und erhöhter Blutungsneigung.
- **Arthritis:** Akute Gelenkentzündungen können unterschiedliche Ursachen haben,

zum Beispiel Infektionen (Borreliose), Überbelastung, Verletzungen und Traumata oder auch Rheuma.

- **Arthrose:** Chronische Schmerzen und Schwellungen in den Gelenken sind oft die Folge von akuten Gelenkproblemen, auch angeborene Fehlstellungen, Übergewicht oder der altersbedingte Verschleiß im Gelenk können bei Hunden diese Probleme verursachen.
- **Autoimmunkrankheiten:** Mehrere Krankheiten bei Hunden werden unter diesem Begriff zusammengefasst; der Körper wehrt dabei körpereigenes Gewebe ab und zerstört so Organe und deren Funktionen; oft sind vor allem bestimmte Rassen davon betroffen, was auf eine erbliche Komponente hinweist.
- **Babesiose:** Diese auch Hundemalaria genannte Erkrankung entsteht durch Blutparasiten, welche durch Zecken übertragen werden; die Zerstörung der roten Blutkörperchen führt zu vielfältigen schweren Krankheitserscheinungen mit hohem Fieber bis hin zum Tod.
- **Bandscheibenvorfall:** Vor allem Hunde mit kurzen Beinen und langem Rücken (Dackel!) sind davon häufig betroffen und zeigen plötzliche starke Schmerzen und Lähmungen.
- **Bissverletzungen:** Bei Begegnungen zwischen Hunden, die sich nicht gut kennen, kann es immer zu aggressiven Auseinandersetzungen kommen, bei denen Bissverletzungen entstehen; da durch die Hundezähne meist auch Bakterien in die Wunde gelangen, sollte eine Bisswunde immer desinfiziert und versorgt werden.
- **Borreliose:** Diese Bakterien werden durch Zecken auf den Hund übertragen und können zu Muskel- und Gelenkschmerzen, Fieber und schweren Herz- und Nierenschäden führen.
- **Cushing-Syndrom:** Ein krankhaft erhöhter Gehalt des körpereigenen Hormons Cortisol führt zu stark erhöhter Wasser- und Futteraufnahme mit Ausbildung eines typischen Hängebauches und stark erhöhtem Harndrang, massivem Haarausfall vor allem an den Seiten und am Kopf, Osteoporose oder Diabetes; als Ursache kommen Tumoren in der Hypophyse (= Hirnanhangdrüse) oder an den Nebennieren vor, aber auch die Behandlung des Hundes mit Kortison-haltigen Medikamenten.

- **Diabetes mellitus:** Die Zuckerkrankheit kommt nicht nur beim Menschen vor, auch Hunde erkranken daran und zeigen dann starken Durst, Gewichtsverlust trotz Futteraufnahme. Durch den starken Anstieg des Blutzuckerspiegels kann es zum Schockzustand und Tod kommen. Ursache für die Erkrankung ist ein Insulin-mangel, hervorgerufen durch falsche Ernährung, Fettleibigkeit, Tumoren an der Bauchspeicheldrüse oder auch Hormonstörungen.

- **Durchfallerkrankungen:** Bei sehr vielen Krankheiten, aber auch bei Parasitenbe-fall oder Vergiftungen reagieren Hunde mit Durchfall, dessen Ursache im Einzel-fall immer abgeklärt werden muss.

- **Ektropium:** Diese Fehlstellung des unteren Augenlids (Hängelid) führt dazu, dass bei geschlossenem Auge die Lider nicht genau aneinander liegen; der Lidrand ist nach außen gedreht und gibt die Bindehaut frei; neben Verletzungen oder Tumo-ren am Auge als mögliche Ursache sind Hängelider rassespezifisch bei vielen Hun-derassen (z. B. Mastino Napoletano, Bernhardiner, Basset oder Deutsche Dogge).

- **Ellbogendysplasie (ED):** Die erblich bedingte Entwicklungsstörung im Ellbogen-gelenk kommt bei großen, schnellwüchsigen Hunden (z. B. Rottweiler, Berner Sennenhund, Deutscher Schäferhund, Bordeaux-Dogge) vor und führt zu Lahm-heit und eingeschränkter Beweglichkeit des Vorderbeins.

- **Entropium:** Bei dieser Fehlstellung rollt sich das Augenlid (meist das untere) nach innen ein, wodurch die Wimpern ständig auf der Augenhornhaut reiben und zu Entzündungen oder Geschwüren führen können; neben ursächlichen Verletzun-gen oder Augenerkrankungen ist die Veranlagung für Roll-Lider bei vielen Hun-derassen angeboren (z. B. Shar Pei, Chow-Chow, Labrador Retriever, Rottweiler).

- **Epilepsie:** Unkontrollierbare Krampfanfälle bei gleichzeitiger Bewusstseinstrü-bung können für den Hund lebensgefährlich sein und müssen mit Medikamenten lebenslang behandelt werden; die Ursachen sind oft erblich bedingt (z. B. bei Gol-den Retrievern, Collies oder Beagles), aber auch Vergiftungen oder Organerkran-kungen können die Krämpfe auslösen.

- **Erbrechen:** Ähnlich wie bei Durchfall kann das Erbrechen von Futter, Schleim oder Flüssigkeit viele Ursachen haben, die abgeklärt werden sollten.

- **Flohbiss-Dermatitis:** Der starke Juckreiz, der durch den Flohspeichel ausgelöst wird, führt zu vermehrtem Kratzen des Hundes und schließlich zu Hautentzündungen, die sogar eitrig werden können; neben der Parasitenbekämpfung muss dann auch die Entzündung behandelt werden; bei vielen Hunden löst der Flohspeichel sogar allergische Reaktionen aus.

- **Fremdkörper:** Manche Hunde, vor allem Jungtiere neigen dazu, alle möglichen Gegenstände aufzunehmen und schlimmstenfalls zu verschlucken; manche Fremdkörper kommen auf natürlichem Wege wieder zum Vorschein, aber andere führen zu Problemen im Magen-Darm-Trakt bis hin zu lebensbedrohlichen Zuständen wie Darmverschluss und müssen dann schnellstmöglich operativ entfernt werden.

- **Gebärmutterentzündung (Pyometra):** Die Entzündung und Vereiterung der Gebärmutter kommt vor allem bei älteren Hündinnen zum Ende der Läufigkeit vor und muss behandelt werden, oft durch die operative Entfernung der Gebärmutter.

- **Gesäugetumor:** Knotige Gewebezubildungen am Gesäuge kommen bei vielen älteren Hündinnen vor und sind in etwa der Hälfte der Fälle gutartig; bösartige Krebsgeschwüre müssen operativ entfernt werden; vor allem durch die Hormonbehandlung zur Unterdrückung der Läufigkeit können solche Mammatumoren entstehen.

- **Giardiose:** Die einzelligen Parasiten führen zu Durchfall und Erbrechen beim Hund und breiten sich in Hundezuchten oder Tierheimen meist sehr schnell aus.

- **Grauer Star (Katarakt):** Die Linsentrübung ist bei manchen Hunden angeboren, bei anderen entsteht sie erst mit zunehmendem Alter; manche Rassen können bereits in den ersten Lebensjahren am Grauen Star erkranken (z. B. Golden Retriever, Afghane, Husky, Zwergschnauzer), es besteht eine erbliche Komponente.

- **Harnsteine:** Manche Erkrankungen oder Medikamente können den Abbau von Harnsäure stören, es kommt zur Bildung von Harnsteinen, welche die harnableitenden Wege verstopfen und so Nieren- und Blasenentzündungen hervorrufen können; bei einigen Hunderassen (Dalmatiner, Bulldoggen) kann ein Gendefekt den Abbau der Harnsäure unterbrechen.

- **Hepatitis contagiosa canis:** Diese Infektionskrankheit wird durch das Canine Adenovirus hervorgerufen und führt zu akuten oder auch chronischen Entzündungen der Leber; die Krankheit ist hoch ansteckend, eine regelmäßige Impfung schützt den Hund.

- **Herzerkrankungen:** Erkrankungen des Herzmuskels oder der Herzklappen kommen sehr häufig bei Hunden vor, haben unterschiedliche Ursachen und sollten unbedingt abgeklärt und behandelt werden.

- **Hüftgelenkdysplasie (HD):** Diese Fehlentwicklung des Hüftgelenkes kommt vor allem bei großen Hunden (z. B. Deutscher Schäferhund, Rottweiler, Boxer, Berner Sennenhund) vor, entwickelt sich in der Wachstumsphase und führt zu Schmerzen, Bewegungsunlust und Steifheit, später zu chronischer Arthrose; HD ist vererbbar und gilt daher bei vielen Zuchtverbänden als Zuchtausschlusskriterium.

- **Inkontinenz:** Vor allem die Harninkontinenz kann bei kastrierten Hündinnen oder älteren Hunden auftreten; Kotinkontinenz kommt seltener vor, meist bei sehr alten Hunden.

- **Konjunktivitis:** Eine Bindehautentzündung kann unterschiedliche Ursachen haben, etwa Zugluft, Fremdkörper im Auge, Allergien, Infektionen; bei manchen Rassen ist durch die angezüchtete Form des Auges (siehe Ektropium) eine chronische Bindehautentzündung die Folge.

- **Leishmaniose:** Diese durch einzellige Blutparasiten ausgelöste Krankheit kann durch Mücken auch auf den Menschen übertragen werden und kommt vor allem im Mittelmeerraum, aber inzwischen vermehrt auch bei uns vor.

- **Leptospirose:** Diese bakterielle Infektion ist eine Zoonose und kann vom Hund auf den Menschen übertragen werden; eine regelmäßige Impfung schützt Hund und Halter.

- **Magendrehung:** Von diesem lebensbedrohlichen Zustand sind vor allem mittelgroße und große Hunde betroffen; durch Aufnahme einer großen Menge Futter oder stark gärender Nahrungsmittel ist der Magen überladen, bläht auf und kann sich dann um die eigene Achse drehen (vor allem, wenn der Hund mit vollem Magen tobt oder rennt), die Gefäße und Nerven werden abgeklemmt, der Magen kann sich nicht entleeren und gast immer weiter auf; der Hund wird unruhig, versucht zu erbrechen, der Bauch wird immer dicker, hart und schmerzhaft, schließlich kommt es zum Kreislaufkollaps und innerhalb weniger Stunden stirbt der Hund, wenn nicht schnellstmöglich der Tierarzt eine rettende Operation durchführt.

- **MDR-1-Defekt:** Eine Unverträglichkeit gegenüber bestimmten Arzneimitteln zur Behandlung von Parasitenbefall, aber auch gegen Durchfall oder Herzerkrankungen, die bei einigen Rassen wie z. B. Collies, Shetland Sheepdogs, Australian Shepherds und Bobtails besonders häufig auftritt; ob dieser Gen-Defekt bei einem Hund vorliegt, kann im Einzelfall anhand einer Blutuntersuchung im Labor geklärt werden.

- **Niereninsuffizienz:** Die Nierenschwäche entwickelt sich meist langsam und kann verschiedene Ursachen haben; manche Infektionen oder Vergiftungen können auch zu einer akuten Niereninsuffizienz führen; ohne entsprechende Behandlung führt die Erkrankung zum Tod.

- **Obstipation:** Eine Darm-Verstopfung kann akut oder chronisch sein, unterschiedliche Ursachen haben (z. B. verschluckte Fremdkörper) und muss in jedem Fall behandelt werden.

- **Ohrinfektion:** Von einer Entzündung ist in den meisten Fällen der äußere Gehörgang betroffen; vor allem Hunde mit Hängeohren und/oder stark behaarten Gehörgängen können erkranken; Ursachen sind oft Parasiten wie Ohrmilben, Bakterien oder Pilze, aber auch Fremdkörper (z. B. Getreide-Grannen) oder Allgemeinerkrankungen; eine Ohrentzündung ist für den Hund sehr unangenehm und sogar schmerzhaft und sollte schnell behandelt werden.

- **Osteochondrosis dissecans (OCD):** Diese Erkrankung kommt vor allem bei mittelgroßen und großen Hunderassen während der Wachstumsphase, meist ab dem 5. Lebensmonat vor; dabei kommt es zu einer Störung der Knochenbildung in den großen Gelenken der Gliedmaßen, hauptsächlich an den Schultergelenken (in etwa 3/4 der Fälle), aber auch an Ellbogen-, Knie- oder Sprunggelenken mit entsprechender Lahmheit.

- **Othämatom:** Das sogenannte Blutohr ist ein Bluterguss, der sich zwischen der Knorpelschicht und der äußeren Haut des Hundeohres bildet; vor allem Hunde mit Schlappohren sind davon betroffen, wenn sie eine juckende oder schmerzhafte Ohrentzündung haben und deshalb viel am Ohr kratzen oder den Kopf schütteln.

- **Pancreatitis:** Die Bauchspeicheldrüse setzt Verdauungsenzyme frei; bei einer Entzündung, die akut oder chronisch verlaufen kann, kommt es zu einer

Selbstverdauung des Organs mit schweren Krankheitssymptomen wie Schmerzen, Durchfall, Erbrechen und Fieber beim Hund, die eine intensive Behandlung und meist eine lebenslange Diät erfordern.

- **Patella-Luxation:** Vor allem kleine Hunde sind von der Verrenkung der Kniescheibe häufig betroffen; die Ursache kann angeboren sein, durch Arthrose oder Unfälle begünstigt werden und muss in schweren Fällen operativ behoben werden.
- **Parvovirose:** Diese hochansteckende Virusinfektion kann für junge und ältere Hunde lebensgefährlich verlaufen, daher sollte durch regelmäßige Impfungen ein Schutz aufgebaut werden.
- **Progressive Retinaatrophie (PRA):** Die fortschreitende Degeneration der Netzhaut des Auges ist erblich und führt schließlich zur Erblindung des Hundes; zahlreiche Hunderassen und deren Mischlinge sind davon betroffen, z. B. Zwergpudel, Dackel, Collie, Yorkshire Terrier, Zwergspitz.
- **Scheinträchtigkeit:** Etwa drei bis zwölf Wochen nach einer Läufigkeit kann sich eine Hündin so verhalten, als wäre sie trächtig; sie wird unruhig, baut Nester, bemuttert oder verteidigt Spielzeug oder Kuscheltiere, selbst das Gesäuge kann anschwellen und Milch produzieren; Hormonschwankungen sind dafür verantwortlich; kommt es immer wieder zu solchen Scheinträchtigkeiten, empfiehlt es sich, die Hündin kastrieren zu lassen.
- **Schilddrüsen-Unterfunktion:** Oft sind mittelgroße bis große Hunde mittleren Alters von einer Hypothyreose betroffen; die Symptome sind sehr vielfältig und unspezifisch, eine Laboruntersuchung bringt Klarheit; eine lebenslange Behandlung mit Tabletten ist dann erforderlich.
- **Staupe:** Diese schwere Viruserkrankung kommt durch flächendeckende Impfungen nur noch sehr selten vor und kann vor allem bei ungeimpften oder geschwächten Welpen zum Tod führen.
- **Tumorerkrankungen:** Auch Hunde sind häufig von unterschiedlichen gut- oder bösartigen Tumoren betroffen; sie können überall entstehen, z. B. in der Haut, den Drüsen, den unterschiedlichsten Organen, an den Nerven oder Knochen, im Auge oder Ohr, und auch Blutkrebserkrankungen (Leukose, Leukämie) kommen vor.
- **Wurmbefall:** Die vielen verschiedenen Wurmarten, welche den Hund befallen,

können oft auch für den Menschen gefährlich werden, daher ist eine regelmäßige vorbeugende Behandlung des Hundes mit speziellen Anthelminthika (= Medikamente, die Würmer abtöten) wichtig.

- **Zahnfleisch-Entzündung:** Eine Gingivitis kann bei allen Hunden vorkommen, aber vor allem kleine Rassen neigen zu Entzündungen am Zahnfleisch und am Zahnhalteapparat; oft sind Zahnbeläge und Zahnstein die Ursache, da sich hier Bakterien ablagern und vermehren können; regelmäßige Zahnreinigung kann die Entzündung oft verhindern.

- **Zahnstein:** Setzen sich Nahrungsreste und Speichel an den Zähnen fest, können sich daran Mineralsalze aus dem Speichel des Hundes ablagern, verhärten und schließlich die Zähne mit einer braunen, festen Schicht, dem Zahnstein, bedecken; da sich darunter Bakterien vermehren und dann zu Zahnfleisch-Entzündungen und schließlich Zahnausfall führen können, sollte eine regelmäßige Zahnpflege beim Hund durchgeführt werden; vor allem kleine und kurzköpfige Hunde neigen zur Zahnstein-Bildung.

- **Zwingerhusten:** Diese ansteckende Infektion der Atemwege führt zu starkem, bellenden Husten und kommt vor allem in größeren Hundehaltungen wie Zuchten, Zwingern und Tierheimen vor; regelmäßige Impfungen können den Verlauf zumindest deutlich abschwächen.

6.7. MEDIZIN FÜR DEN HUND

Manche Krankheiten des Hundes erfordern die regelmäßige Eingabe von Medikamenten, etwa in Form von Tabletten, Pasten und Lösungen oder auch Augentropfen oder Salben. Grundsätzlich sollten Sie sich von Ihrem Tierarzt, welcher das entsprechende Medikament verschreibt, auch dessen richtige Eingabe erklären oder gleich zeigen lassen. Hier ein paar praktische Tipps:

Tabletten kann man dem Hund entweder in etwas Käse oder Leberwurst verpackt eingeben oder direkt ins Maul, indem man den Fang des Hundes öffnet, die Tablette hinter den Zungengrund schiebt und dann die Hundeschnauze kurz zuhält, bis der Hund geschluckt hat; bestenfalls sollte der Vierbeiner danach etwas Wasser zu sich nehmen, das man zur Not auch mit einer Spritze (ohne Nadel!) seitlich in das Maul eingeben kann.

Pasten lassen sich meist gut direkt in das Hundemaul eingeben und werden dann vom Hund aufgeleckt. Viele Hersteller bereiten solche Medikamente geschmacklich so auf, dass die Tiere sie sogar mögen.

Arzneimittel-Lösungen können ebenfalls gut mit einer Spritze ohne Nadel seitlich zwischen den Lefzen in den hinteren Maulraum eingegeben werden, damit der Hund sie schluckt, oder Sie tropfen die Lösung direkt in den geöffneten Fang.

Ohrensalben oder -spülungen bringen Sie in den Gehörgang ein und massieren dann das Ohr einen Moment. Achtung: Viele Hunde schütteln sich nach der Eingabe.

Zur Eingabe von **Augentropfen oder -salbe** ist es einfacher, wenn man zu zweit arbeitet – eine Person hält den Kopf des Hundes fest und leicht nach oben gerichtet, die andere zieht mit dem Daumen der einen Hand das untere Augenlid vorsichtig nach unten, um mit der anderen Hand das Medikament in den Bindehautsack einzubringen. Dabei sollte die Medizinflasche bzw. -tube nicht mit der Bindehaut in Berührung kommen, um eine Verletzung des Auges oder Verunreinigung des Medikamentes zu vermeiden. Haben Sie keinen Helfer, dann stellen Sie sich am besten hinter den Hund, fassen seinen Kopf mit einer Hand unter dem Kiefergelenk und drücken ihn leicht nach oben, dann können Sie mit dem Daumen derselben Hand das Unterlid nach unten ziehen und mit der anderen Hand das Medikament eingeben.

Die Applikation von **Salben** auf der Haut oder an den Pfoten erfordert bei den meisten Hunden einen Leck-Schutz, damit der Wirkstoff genügend Zeit hat, auf der Wundfläche auch zu wirken. Ein spezieller Halskragen in Form eines Trichters oder als aufblasbarer Ring um den Hals des Hundes hindert diesen daran, die heilende Medizin sofort wieder abzulecken.

6.8. EIN WICHTIGES THEMA: QUALZUCHT BEI HUNDEN

Keine andere Tierart konnte von uns Menschen so stark züchterisch beeinflusst werden wie der Hund. Es ist teilweise kaum vorstellbar, dass tatsächlich alle Hunde zu derselben Tierart gehören wie der Wolf, so vielfältig und unterschiedlich ist das Erscheinungsbild der zahlreichen Hunderassen. In dem Bestreben, immer neue äußere und innere Eigenschaften herauszufiltern und dann zu manifestieren, sind Züchter oft extreme Wege gegangen, die nicht immer zum Vorteil der Hunde waren. Sehr viele Hunderassen und auch oft deren Mischlinge sind heutzutage mit den unterschiedlichsten vererbbaren Krankheiten behaftet, und manche züchterisch gewollten Merkmale werden inzwischen zu den sogenannten Qualzuchten gerechnet, weil sie für die Hunde mit dauerhaften Schmerzen, Leiden oder Schäden, zumindest aber mit erheblichen Einschränkungen der Lebensqualität einhergehen.

Der Gesetzgeber hat diese Problematik, die nicht nur in der Hundezucht besteht, sondern auch bei vielen anderen Tierarten vorkommt, im Tierschutzgesetz in § 11b aufgegriffen und so einer behördlichen Reglementierung unterstellt. Die bewusste Inkaufnahme von zuchtbedingten Schmerzen, Leiden oder Schäden bei Tieren kann demnach sogar als Straftat nach § 17 TSchG geahndet werden. Ein weiterführendes Gutachten, das im Auftrag des Bundesministeriums für Verbraucherschutz, Ernährung und Landwirtschaft im Jahr 1999 erstellt wurde, konkretisiert dieses Thema vor allem für die Zucht von Hunden und Katzen und stellt in einer Liste die Merkmale dar, die den Gutachtern zufolge als Qualzuchtfaktoren gelten und zum Zucht-Ausschluss der Merkmalsträger führen sollen. Für die Hundezucht werden folgende Merkmale aufgezählt:

Zuchtmerkmal	Symptome	Auftreten vor allem bei
Blue-dog-Syndrom	blaugraue Färbung des Fells, oft in Verbindung mit Haarausfall, Hautentzündungen, Nebennierenerkrankungen	Dobermann, Irish Setter, Greyhound, Dackel
Brachy- bzw. Anurie	Verkürzung der Schwanzwirbelsäule, Stummel-, Knick- oder Korkenzieherschwanz, oft mit weiteren Missbildungen an der Wirbelsäule, Lähmung	Bobtail, Cocker Spaniel, Franz. Bulldogge, English Bulldog, Rottweiler, Mops, Dackel, Entlebucher Sennenhund
Brachyzephalie / Brachygnathie	breiter, runder Schädel / verkürzte Kiefer- und Nasenknochen; Atembeschwerden, Schluckbeschwerden, Gebissanomalien, Zunge zu lang, Schwergeburten, Schädeldecke zu dünn, Augenprobleme	Mops, Bulldoggen, Boxer, Pekinese, Shi Tzu, King Charles Spaniel, Toy Spaniel, Chihuahua und andere

Zuchtmerkmal	Symptome	Auftreten vor allem bei
Chondrodysplasie	Zwergwuchs mit zu kurzen Beinen, führt häufig zu Bandscheibenvorfall, Lähmungen, Harn- und Stuhlinkontinenz	Dackel, Basset, Pekinese, Welsh Corgi, Scottish Terrier, Sealyham Terrier u. a.
Dermoidzysten	Hauteinstülpungen am Rücken mit Haarwuchs in die entgegengesetzte Richtung („Ridge"), kann zu Infektionen, Schmerzen und Lähmungen führen	Rhodesian Ridgeback, Thai Ridgeback
Ektropium	Auswärts gerolltes Augenlid, unvollständiger Lidschluss, oft Bindehautentzündung, selten Hornhautschäden	Basset, Bernhardiner, Bloodhound, Bulldoggen, Mastino Napoletano, Cocker Spaniel, Neufundländer, Shar Pei
Entropium	Einwärts gerolltes Augenlid, dauernde Irritation der Hornhaut, Augenentzündung, Erblindung	Bullterrier, Chow-Chow, Pudel, Retriever, Rottweiler, Sennenhunde, Shar Pei und andere
Grey-Collie-Syndrom	silbergraue Färbung in Verbindung mit einer Blutbildungsstörung, hohe Infektanfälligkeit, oft letal	diverse Collie-Zuchtlinien
Haarlosigkeit	teilweise oder völlige Haarlosigkeit, oft mit schweren Gebiss-Anomalien und Immunschwäche	Chinesischer Nackthund, Mexikanischer Nackthund, (andere Nackthund-Rassen)

Zuchtmerkmal	Symptome	Auftreten vor allem bei
Hautfaltenbildung, übermäßige	starke Faltenbildung teilweise oder am ganzen Körper, oft Hautentzündungen, Augenprobleme	Shar Pei, Bloodhound, Basset, Mastino Napoletano, Pekinese, Toy Spaniel
Hüftgelenkdysplasie (HD)	Fehlbildung des Hüftgelenkes, Instabilität, Arthrose, Lahmheit, Schmerzen	Deutscher Schäferhund, Deutsche Dogge, Boxer, Bernhardiner, Retriever, Rottweiler, Sennenhunde, viele große und mittelgroße Rassen
Hypertrophie des Aggressionsverhaltens	Aggression und Neigung zum Beschädigungsbeißen, herabgesetzte Beißhemmung	Kann bei allen Hunden vorkommen; genetische Komponente noch ungeklärt
Merlesyndrom	Tigerung und Depigmentierung des Fells, bei Reinerbigkeit z. T. schwere Anomalien an Augen und Ohren, Blind- und Taubheit, hohe pränatale Sterblichkeit	Collie, Australian Shepherd, Sheltie, Bobtail, Dackel, Deutsche Dogge, Welsh Corti; inzwischen auch bei Mops, Franz. Bulldogge und anderen

Darüber hinaus gibt es weitere Krankheiten, für die ein Vererbungsfaktor vermutet wird oder bereits belegt ist. Viele schwerwiegende Symptome treten erst dann auf, wenn beide Elterntiere das entsprechende Gen in sich tragen, bei manchen Krankheiten reicht es aber, wenn nur ein Elternteil Erbträger ist. Viele der offiziellen Zuchtverbände schreiben inzwischen strenge Wesenstests und medizinische Untersuchungen vor, bevor für einen Rüden oder eine Hündin die Zuchterlaubnis erteilt wird, um die Weitervererbung dieser Qualzuchtfaktoren zu vermeiden. Leider legen aber die Rassestandards, welche von der FCI für jede anerkannte Rasse geführt werden, zum Teil eben diese Merkmale noch als rassetypisch und daher gewünscht fest. Hunde, die diesem „Idealbild" einer Rasse dann nicht entsprechen, haben wenig bis keine Chancen, bei großen Ausstellungen prämiert zu werden. Dennoch weichen inzwischen viele Züchter und Rassehundeklubs von diesen zum Teil tierschutzrelevanten Vorgaben ab und versuchen, ihren Hunden wieder ein gemäßigtes Aussehen zu verleihen und damit ein schmerz- und leidensfreies Leben zu ermöglichen.

Wenn Sie sich für einen Rassehund entscheiden, sollten Sie also unbedingt auch die Erbgesundheit der Rasse und des individuellen Hundes bedenken. Sie vermeiden dadurch nicht nur ein Hundeleben voller Schmerzen und Leiden, sondern meist auch deutlich erhöhte Tierarztkosten für Sie. Fragen Sie bereits im Vorfeld den Züchter oder den betreuenden Zuchtverein nach Maßnahmen, die zur Vermeidung von Qualzucht und Erbkrankheiten ergriffen werden, und lassen Sie sich die Angaben belegen. Bestenfalls entscheiden Sie sich von vornherein für eine Rasse, bei der noch von einer guten Gesundheit und Robustheit ausgegangen werden kann. Und auch bei Mischlingen sollten Sie zumindest versuchen herauszufinden, welche Rassen darin stecken, denn auch diese können von bestimmten Erbkrankheiten der Elterntiere betroffen sein.

Zusammenfassung Kapitel 6:

Als Hundehalter können Sie selber einiges dazu beitragen, damit Ihr Hund gesund und munter bleibt und so ein hohes Lebensalter erreicht. Angefangen bei gesunder Ernährung, ausreichender Bewegung und Beschäftigung lassen sich auch durch regelmäßige Pflege- und Vorsorgemaßnahmen und Gesundheitschecks viele Erkrankungen vermeiden oder rechtzeitig erkennen, um sie erfolgreich zu behandeln. Wird der Hund doch einmal krank oder tritt ein Notfall ein, sollten Sie wissen, woran man das erkennt und was man als Hundehalter tun kann. Nicht zuletzt kann bereits die Auswahl der Hunderasse und der Verzicht auf extreme äußere Merkmale, die zu den Qualzuchten gerechnet werden, dazu beitragen, dass Sie mit Ihrem Vierbeiner viele glückliche Jahre verbringen können.

KAPITEL 7: ALLES FERTIG FÜR DEN HUND

Vorbereitungen vor dem Einzug

> *Man kann auch ohne Hund leben, aber es lohnt sich nicht.*
> *(Heinz Rühmann)*

So, nun steht der große Tag kurz bevor, an dem Ihr auserwählter neuer Hausgenosse bei Ihnen einziehen wird. Die Spannung steigt, denn nach der langen und intensiven Vorbereitung soll es nun auch endlich losgehen, und alle Familienmitglieder können es kaum noch erwarten, den Vierbeiner in seinem neuen Heim zu begrüßen und willkommen zu heißen. Damit auch wirklich alles perfekt wird, kümmern wir uns jetzt noch schnell um die Grundausstattung und letzte hilfreiche Vorbereitungen.

7.1. DIE RICHTIGE HUNDE-AUSSTATTUNG:

- Der Hund braucht einen festen und ruhigen Platz zum Ruhen und Schlafen, den Sie innerhalb der Wohnung jetzt festlegen müssen. Dieser sollte in einem Raum sein, zu dem der Hund ständigen Zugang hat, die Umgebungstemperatur moderat (nicht zu warm, nicht zu kalt, keine Zugluft) ist und nicht dauernd Trubel oder Durchgangsverkehr herrscht, gleichzeitig dem Hund aber auch ermöglicht, am Alltag teilzuhaben und alles im Blick zu behalten. Ein spezielles Hundebett als Kissen, Korb oder (vor allem für kleine Hunde) Höhle mit waschbaren, robusten Bezügen bildet eine weiche und wärmende Unterlage. Bedenken Sie aber, dass für einen Welpen, selbst wenn er einmal eine riesige Deutsche Dogge werden wird, ein großes Hundebett am Anfang sehr ungemütlich und kalt ist und er darüber hinaus auch gerne noch alles anknabbert, was seinen kleinen Hundezähnen in die Quere kommt. Daher reicht es in den ersten Wochen oft aus, wenn Sie für Ihren Vierbeiner einen robusten Karton oder eine Kiste mit der Öffnung nach vorne aufstellen und mit weichen Decken und Handtüchern auspolstern, die Anschaffung des endgültigen Hundebettes aber noch eine Weile aufschieben. Darüber hinaus liegen Hunde tagsüber auch gerne an anderen Plätzen der Wohnung, möglichst in der Nähe ihrer Menschen, um nichts zu verpassen, daher ist ein „Zweitplatz" mit einer weichen Decke sinnvoll.

- Seine Mahlzeiten will ein Hund ebenfalls in Ruhe einnehmen, aber möglichst nicht in unmittelbarer Nähe zum Ruheplatz. Um Stress oder gar Futterneid beim Fressen zu vermeiden, sollte auch der Futterplatz an einer ruhigen Stelle der Wohnung und fern vom Durchgangsverkehr liegen, aber für den Hund jederzeit erreichbar sein. Für Futter und Trinkwasser benötigt Ihr Hund unterschiedliche Näpfe, möglichst mit einer rutschfesten Unterseite und so stabil, dass sie den Spiel- und Beißambitionen des Vierbeiners standhalten und auch nicht umfallen. Da Hunde normalerweise auf gesittete Tischmanieren verzichten und beim Fressen und Trinken schon mal schlabbern, empfiehlt sich außerdem eine abwaschbare Unterlage und ein entsprechender Schutz für die Wand. Und auch beim Fressgeschirr gilt, dass die aktuelle Größe des Hundes bedacht werden muss und eventuell später noch einmal größere Gefäße nötig werden. Vor allem für mittelgroße und große Hunde empfiehlt sich ein Napfständer, in welchen Futter- und Wassernapf eingehängt und dann auf eine bequeme Fresshöhe eingestellt werden können. Näpfe aus Keramik oder Edelstahl lassen sich leicht hygienisch reinigen.

- Unbedingt benötigt Ihr neuer Mitbewohner eine Auswahl an Leinen, Halsbändern und/oder Brustgeschirren, mit deren Hilfe Sie ihn außerhalb der Wohnung oder des eigenen Gartens sicher führen und im Erziehungstraining unter Kontrolle halten können. Die Entscheidung, ob Sie Ihren Hund mit einem Halsband oder einem Brustgeschirr führen, muss individuell getroffen werden und hängt auch vom Hund ab – grundsätzlich gilt, dass weder über die Halsung noch über ein Geschirr starker Druck oder Zug auf den Vierbeiner ausgeübt werden darf, um keine Schäden an Muskulatur, Gelenken oder der Luft- und Speiseröhre zu verursachen. Ein Halsband soll möglichst breit und reißfest sein und aus flexiblem Material (z. B. Leder oder Nylon) bestehen, ein Brustgeschirr muss dem Hund individuell passen, damit es nicht einschneidet oder ihn beim Laufen behindert. Auch hier gilt aber, sofern Sie sich für einen Welpen entschieden haben, dass die Utensilien der aktuellen Größe des Hundes angepasst sein müssen und daher wahrscheinlich mehrmals gekauft werden. Leinen benötigen Sie in unterschiedlichen Längen, zum einen eine längenverstellbare Führleine mit festem Karabinerhaken aus reißfestem Material, zusätzlich für die Erziehung und Ausbildung eine Schleppleine von mehreren (5-10) Metern Länge, möglichst ohne Handschlaufe.

- Damit Ihr Vierbeiner im Auto sicher mitfahren kann, empfiehlt sich die Anschaffung einer stabilen Transportbox, die entweder im Fußraum des Beifahrersitzes (für kleine Hunde) oder im Kofferraum eines Kombis untergebracht wird. Vor allem bei der Installation im Kofferraum muss die Kiste mit Spanngurten fest fixiert werden, um bei einem Ausweich- oder Bremsmanöver nicht zu verrutschen oder zu kippen. Absperrgitter, mit denen der Kofferraum vom Innenraum des Fahrzeugs getrennt wird, schützen einen Hund bei einem Unfall oder Bremsmanöver nicht vor schweren Verletzungen, da er durch den Kofferraum geschleudert werden kann. Die Transportbox muss einerseits groß genug sein, damit der Hund darin ungehindert liegen, aufstehen und sich umdrehen kann, andererseits aber nicht so groß, dass er darin im Ernstfall herumgeschleudert würde. Da stabile Boxen nicht ganz günstig sind, empfiehlt sich für einen Welpen, der ja noch deutlich größer wird, eine Box mit variabel verstellbarer Zwischenwand, oder Sie verkleinern den Innenraum zunächst mit Kissen und Decken oder einem in die Box gestellten und sicher fixierten Karton, in dem der Welpe liegen kann. Eine solche Transportbox hat einen weiteren Nutzen: Sie können sie innerhalb der Wohnung sehr gut einsetzen, um den Welpen kurzfristig sicher unterzubringen, wenn Sie ihn nicht beaufsichtigen können. Auch eignet sich eine solche Box wunderbar als gemütliche Schlafhöhle für den Welpen, bis er sich an sein neues Zuhause gewöhnt hat und groß genug für sein bleibendes Hundebett ist.

- Soll Ihr neues Familienmitglied in der Wohnung nicht zu allen Bereichen Zutritt haben oder befindet sich eine steile Treppe darin, dann kann ein Treppengitter, wie es sie zum Schutz für Kleinkinder gibt, hier für eine praktische und sichere Absperrung sorgen. Dieses kann entweder am Treppenauf- oder -abgang oder auch in Türöffnungen montiert werden.

- Auch ein Welpenlaufstall kann eine Hilfe sein, um den jungen und entdeckungsfreudigen Vierbeiner kurzzeitig sicher unterzubringen. Diese gibt es im Fachhandel zu kaufen, man kann sich so eine Einfriedung mit etwas handwerklichem Geschick aber auch selber bauen. Mit ein paar Spielzeugen und einer weichen Decke wird der kleine Hund sich darin schnell wohlfühlen, und Sie können zum Briefkasten oder in den Keller gehen, ohne zu befürchten, dass er zwischenzeitlich Unfug macht oder sich verletzt.

- Hundegerechtes Spielzeug ist nicht nur für einen Welpen wichtig, auch viele ausgewachsene Hunde lieben es, mit ihren Menschen zusammenzuspielen, etwa Zerrspiele mit einem dicken Seil, Apportierspiele mit Bällen oder Jagdspiele mit Wurfscheiben oder Schleuderbällen. Welpen brauchen in der Zeit des Zahnwechsels auch spezielle Kau-Spielzeuge, an denen sie die neuen Beißer erproben und gleichzeitig das schmerzende Zahnfleisch massieren können. Achten Sie darauf, dass die Spielzeuge robust sind, nicht in verschluckbare Einzelteile zerlegt werden können und vor allem der Größe Ihres Hundes angepasst sind. Normale

Kuscheltiere fallen meist schnell den spitzen Welpenzähnen zum Opfer, daher sind spezielle Hundespielsachen aus dem Fachhandel hier eher zu empfehlen. Ein besonderes Lieblingsspielzeug Ihres Vierbeiners können Sie im Erziehungstraining wunderbar als ganz besondere Belohnung für gute Leistungen und Lernerfolge einsetzen.

- Auch eine Grundausstattung an Pflegeutensilien sollte Teil der Hunde-Ausstattung sein. Je nach Fellbeschaffenheit Ihres Hundes benötigen Sie Bürsten, Kämme oder Striegel für die regelmäßige Fellpflege, ein Werkzeug zur Entfernung von Zecken (Zeckenzange oder Zeckenhaken), ein paar Zahnbürsten für die Gebisspflege und mehrere alte Handtücher zur Säuberung nach ausgiebigen Spaziergängen bei schlechtem Wetter.

- Für die gute Erziehung Ihres Hundes, die ab dem Moment seines Einzuges beginnt und unabhängig davon ist, ob Sie einen Welpen oder bereits ausgewachsenen Hund zu sich nehmen, kann die Anschaffung einiger Trainingshelfer sinnvoll sein. Die bereits erwähnte Schleppleine hilft, den Hund sicher unter Kontrolle zu behalten, bis der Rückruf auf Kommando absolut sicher funktioniert. Eine spezielle Hundepfeife hilft Ihnen, bestimmte Kommandos auch auf größere Entfernung zu geben; es gibt sie im Fachhandel in unterschiedlicher Ausführung, entweder mit nur einem Ton oder als Zweitonpfeife für unterschiedliche Hörzeichen. Um immer schnell ein Belohnungshäppchen griffbereit zu haben, sind Futterbeutel aus festem Stoff sinnvoll, die am Hosengürtel oder der Jacke befestigt werden können. Ein Apportier-Dummy, der mit Futter gefüllt werden kann, lässt Ihren Vierbeiner schnell und begeistert das Heranbringen von Gegenständen lernen. Sogenannte „Erziehungshalsbänder" allerdings, die es als Würge-, Stachel- oder gar Elektroreizband im Handel leider immer noch gibt, sind für die Hundeerziehung absolut nicht geeignet, zum Teil sogar tierschutzrelevant, und können eine gute Erziehung zur Leinenführigkeit oder zum Gehorsam des Hundes weder ersetzen noch erzwingen.

7.2. HUNDESICHERES HEIM

Haben Sie Kinder? Und wissen Sie noch, was Sie alles unternehmen mussten, als die ins Krabbelalter kamen, um Ihre Wohnung kindersicher zu machen? So ähnlich sieht es jetzt wieder für Sie aus – auch ein neuer Hund könnte sehr entdeckungslustig sein und muss daran gehindert werden, sich selbst zu schaden oder Sachen kaputtzumachen, die Ihnen wichtig sind. Hier also ein paar Punkte, an die Sie bereits jetzt denken sollten, bevor der Vierbeiner seine Chancen ergreifen kann:

- Gegenstände, die Ihnen lieb und teuer sind, räumen Sie außerhalb der Reichweite des Hundes erst einmal sicher weg.
- Stromkabel an elektrischen Geräten schützen Sie gegen kleine Hundezähne, indem sie diese am besten hinter Möbeln verlegen oder aber hochbinden.
- Schädliche oder gar giftige Stoffe wie Putzmittel, Pflanzenschutzmittel, Medikamente oder ähnliches gehören so sicher weggeschlossen, dass weder kleine Kinder noch Hunde sie erreichen können.
- Auch andere Gegenstände, die dem Hund gefährlich werden könnten, müssen sicher verstaut werden.
- Die Lieblingsspielsachen Ihrer Kinder wie Kuscheltiere oder das Rennauto mit Fernsteuerung sollten ebenfalls für den Hund niemals zugänglich sein, um Tränen und Wutanfälle zu vermeiden.
- Gibt es noch weitere Tiere in Ihrem Haushalt, etwa Katzen, Kaninchen, Ziervögel, Hühner oder Meerschweinchen, so gewöhnen Sie diese und den Hund langsam und nur unter strenger Aufsicht aneinander und achten Sie darauf, dass der Hund zunächst niemals alleine mit diesen Tieren bleibt. Hat Ihr Hund einen ausgeprägten Jagdinstinkt, müssen Sie auch damit rechnen, dass eine Gewöhnung scheitert und Sie die Tiere immer nur getrennt voneinander halten können.
- Da auch manche Zimmerpflanze oder Gartenblume giftige Stoffe enthält, müssen Sie diese gegen ein Benagen durch den Hund schützen (siehe Liste unten). Und auch ungiftige, aber von Ihnen liebevoll gehegte Pflanzen im Haus, auf dem

Balkon oder im Garten verdienen es, vor einem aktiven und buddelbegeisterten Hund geschützt zu werden. Denken Sie daran: Ihr neuer Hausgenosse kann Ihre Regeln noch nicht kennen, und er verstößt nicht dagegen, um Sie zu ärgern, er weiß es einfach noch nicht besser!

- Gibt es steile Treppen im Haus oder Garten, die für einen Welpen oder auch einen älteren Hund gefährlich werden könnten, so sichern Sie diese mit Gittern ab.
- Im Garten lohnen sich ebenfalls einige Sicherungsmaßnahmen, etwa an liebevoll gepflegten Beeten, frisch gepflanzten Büschen oder Bäumen, und auch ein idyllischer Gartenteich mit Goldfischen und Seerosen oder ein Swimmingpool könnten für den Hund sehr verlockend wirken. Eine zumindest vorübergehende Einzäunung schützt Hund und Garten.
- Auch die Außengrenzen Ihres Gartens müssen absolut ausbruchsicher sein. Vor allem, wenn ein bereits ausgewachsener Hund bei Ihnen einzieht, kann es sein, dass er in der ersten Zeit noch versuchen wird, wegzulaufen, bis er begreift, dass er nun ein neues Zuhause gefunden hat. Ein Hund mit jagdlichen Ambitionen muss genauso sicher im Garten bleiben wie ein liebestoller Rüde, wenn die Nachbarshündin gerade läufig ist, und umgekehrt hält ein stabiler Gartenzaun auch mögliche Freier von Ihrer Hündin fern, wenn es so weit ist.

Giftige Zimmerpflanzen (Auswahl)	Giftige Gartenpflanzen (Auswahl)
Agave	Blauer Eisenhut
Alpenveilchen	Christrose
Amaryllis	Eibe
Anthurie	Engelstrompete
Aralie	Fingerhut
Azalee	Glyzinie
Dieffenbachie	Goldregen
Farn	Herbstzeitlose
Ficus	Hortensie
Grünlilie	Kirschlorbeer
Hyazinthe	Maiglöckchen

Giftige Zimmerpflanzen (Auswahl)	Giftige Gartenpflanzen (Auswahl)
Oleander	Primel
Philodendron	Rhododendron
Tulpe	Rittersporn
Weihnachtsstern	Schlüsselblume

(Diese Liste erhebt keinen Anspruch auf Vollständigkeit! Es gibt zahlreiche Pflanzen, bei denen Blätter, Blüten, Früchte, Wurzeln, Knollen oder Säfte giftige Stoffe enthalten! Hat Ihr Hund Teile einer unbekannten Pflanze aufgenommen, kontaktieren Sie sicherheitshalber den Tierarzt!)

7.3. WICHTIGE KONTAKTE:

Haben Sie sich schon für einen **Tierarzt** entschieden? Vielleicht können Ihnen Nachbarn, Freunde oder Kollegen, die selber Tiere haben, eine Empfehlung geben? Machen Sie doch einfach schon einmal einen Termin, um Ihren Hund vorzustellen, ohne dass gleich eine Behandlung oder Impfung fällig ist! So können sich Hund und Tierarzt schon einmal bei ein paar leckeren Häppchen entspannt kennenlernen, und Ihr Vierbeiner geht dann vielleicht sogar später gerne dorthin und hat keine Angst. Notieren Sie sich die Telefonnummer und Adresse der Tierarztpraxis und hängen diese an Ihre Pinnwand, am besten speichern Sie die Nummer gleich in Ihren Kontakten ab, dann haben Sie sie im Notfall immer griffbereit.

Planen Sie den Besuch einer **Hundeschule**? Gerade wenn Sie einen Welpen bekommen, ist die Teilnahme an einer gut organisierten und vorbereiteten Welpenspielgruppe sehr empfehlenswert, damit der Vierbeiner von Anfang an soziale Kontakte mit Artgenossen hat und Sie gleichzeitig unter fachkundiger Anleitung die ersten Erziehungslektionen gemeinsam lernen können. Und auch bei der Übernahme eines älteren Hundes kann es helfen, wenn Sie unter Beobachtung der erfahrenen Hundetrainer zunächst ausloten, was Ihr Vierbeiner bereits kann und was er noch lernen sollte. Fragen Sie doch auch dazu im Bekanntenkreis unter anderen Hundehaltern oder auch beim örtlichen Tierschutzverein nach Erfahrungswerten, und vor allem melden Sie sich frühzeitig für einen solchen Kurs an, denn die Nachfrage ist groß und die Gruppen sind schnell ausgebucht. Gehört Ihr Hund zu einer sehr sportlichen, bewegungsaktiven Rasse, ergeben sich aus den anfänglichen Spieltreffen vielleicht später Sportaktivitäten für ein perfektes Mensch-Hund-Gespann, etwa Agility, Mantrailing oder gar die Ausbildung zum Such- und Rettungshund.

Und auch die Suche nach einem guten **Hundefriseur** können Sie bereits jetzt starten, falls Ihr Hund später regelmäßig geschoren oder getrimmt werden muss. Sicher kann der Züchter hier eine Empfehlung geben, sofern Sie in erreichbarer Nähe wohnen. Oder sie hören sich bei anderen Haltern derselben Rasse um, denn gute persönliche Erfahrungen sind doch meist die bessere Empfehlung als ein flotter Werbetext.

Zusammenfassung Kapitel 7:

Bevor Ihr Vierbeiner nun endgültig bei Ihnen einzieht, sollten Sie noch einige Vorbereitungen treffen, um Ihr Zuhause hundetauglich zu machen. Die Anschaffung einer Grundausstattung ist dabei genauso wichtig wie die Suche nach den „richtigen" Fachleuten, welche Sie beide in puncto medizinische Betreuung, Pflege und Erziehung unterstützen können.

KAPITEL 8: DER HUND IST DA!

Vertrauen schaffen, Bindung aufbauen

> *Ein Hund ist wie Peter Pan – ein Kind, das niemals erwachsen wird und das deshalb immer lieben und geliebt werden kann.*
> (Aron Katcher)

Für das zukünftige Zusammenleben mit Ihrem Hund werden bereits in den allerersten Stunden und Tagen entscheidende Weichen gestellt. Schaffen Sie es, bald sein Vertrauen zu gewinnen und eine erste gute Bindung zu ihm aufzubauen, dann werden alle weiteren Schritte auf dem Weg zum gut erzogenen Begleit- oder Familienhund deutlich einfacher und sicher auch erfolgreich. Die sogenannte Sozialisierungsphase, in der ein Hund besonders leicht lernt und seine Umwelt mit unterschiedlichsten Geräuschen, Gerüchen, Objekten, anderen Tieren und Personen wahrnimmt, beginnt bereits im Alter von drei Wochen, wenn die Kleinen gerade ihre Augen geöffnet haben, und dauert ungefähr bis zum Ende der 14. Lebenswoche. Je mehr unterschiedliche Situationen und Reize der Hund in dieser Zeit kennenlernen kann, desto sicherer wird er sich als ausgewachsener Hund verhalten. Gute Züchter geben ihren Welpen bereits viel Gelegenheit, mit der Umwelt in Kontakt zu treten. Und eine enge Bindung mit unerschütterlichem Vertrauen zu seinen Menschen hilft dem Welpen dabei, sich den unbekannten Herausforderungen seiner neuen Welt zu stellen und ein souveräner und verhaltenssicherer großer Hund zu werden.

8.1. DIE HEIMFAHRT

Wenn es nun endlich losgeht und Sie den lang ersehnten Vierbeiner beim Züchter oder im Tierheim abholen, dann tun Sie das wahrscheinlich mit dem Auto. Eine Fahrt mit Bus oder Bahn ist für dieses „erste Mal" meist noch zu stressig für den Hund, denn er kennt Sie ja bisher kaum und ist wahrscheinlich in seinem Leben auch noch nie mit öffentlichen Verkehrsmitteln unterwegs gewesen – die unbekannten Eindrücke und lauten Geräusche, die vielen fremden Menschen würden den Hund hochgradig verunsichern. Hinzu kommt, dass Sie nicht mal eben schnell anhalten und aussteigen können, wenn der Kleine unruhig wird, weil er sich vielleicht lösen muss oder ihm durch die ungewohnten Fahrbewegungen übel wird.

Zu einer Autofahrt machen Sie sich bitte mindestens zu zweit auf, damit eine Person den Wagen sicher steuert und die andere sich uneingeschränkt um den Hund kümmern kann. Planen Sie die Fahrt nach Möglichkeit so, dass Sie tagsüber und im Hellen das Ziel erreichen, damit der Hund noch genügend Zeit hat, sich sein neues Zuhause anzuschauen. Mit einem Welpen oder kleinen Hund setzen Sie sich am besten auf den Rücksitz und stellen neben sich einen Korb, eine Wanne oder Box, die mit einer weichen Decke, Handtüchern und Zeitungen gut ausgepolstert werden. Bestenfalls bekommen Sie vom Züchter oder Tierheim sogar eine Decke mit, die vertraute Gerüche von Mutter und Geschwistern für den Vierbeiner mit ins neue Zuhause bringt. Halten Sie möglichst ständig Körperkontakt zum Hund, das wird ihn beruhigen und bereits eine erste Bindung entstehen lassen, und bestenfalls schläft er sogar ein. Konnte der Hund sich vor der Abfahrt noch einmal etwas austoben und seine Geschäfte erledigen, dann sollte er eine Fahrt von etwa einer Stunde gut überstehen. Dauert es allerdings länger oder wird der kleine Passagier sehr unruhig, hechelt stark oder speichelt, dann sollten Sie anhalten und ihn an der Leine eine Weile am Straßenrand oder einem Rastplatz herumführen, bis er sich gelöst oder sichtbar beruhigt hat. Während ein älterer Hund das Laufen an einer Leine wahrscheinlich kennt, ist dies für die meisten Welpen ein ungewohntes Gefühl, aber Sie wollen ja noch keinen großen Spaziergang unternehmen, und hier geht die Sicherheit vor. Passiert während der Fahrt ein Malheur und der Hund erbricht oder pieselt in die Box, machen Sie kein großes Aufheben darum, bedauern und bemitleiden ihn auch nicht, sondern entfernen es mithilfe der Zeitungen einfach kommentarlos. Mit Schimpfen oder Unmutsbekundungen würden Sie nur erreichen, dass Ihr Hund Autofahren in Zukunft erst recht als etwas Unangenehmes empfindet.

Sofern ein bereits ausgewachsener Hund Ihr neuer Hausgenosse wird, der zu groß für eine Kiste auf der Rückbank ist, dann sollte er am besten sicher in einer Transportkiste im Heck des Wagens mitfahren. Vielleicht kennt er ja diese Art des Transportes bereits und kann sich einigermaßen entspannt in der Box ablegen. Da Sie und die Fellnase sich noch nicht wirklich gut kennen, wäre es unter Umständen gefährlich, den ungesicherten Hund auf dem Rücksitz einfach nur festzuhalten. Geriete er plötzlich in Panik, könnte er schnappen oder beißen, wenn Sie versuchen, ihn zu packen, und schlimmstenfalls springt er durch das Wageninnere und verursacht so einen Unfall.

8.2. DIE ANKUNFT

Ist das Ziel schließlich erreicht, dann lassen Sie Ihren Hund sich zunächst im Garten oder der nächstgelegenen Grünanlage ein wenig die Beine vertreten und sein Geschäft erledigen. Ist der Garten hundesicher eingezäunt, kann das auch ohne Leine erfolgen, sofern der Vierbeiner nicht zu ängstlich ist und sich von Ihnen auch wieder anlocken lässt. Ansonsten kommt hier bereits die lange Schleppleine zum Einsatz, denn damit hat der Hund zwar das Gefühl, sich frei bewegen zu können, Sie haben ihn aber dennoch unter Kontrolle und können ihn auch wieder einfangen. Auch sollten Sie ihm draußen nun etwas Wasser zum Trinken anbieten und die ersten Häppchen seines gewohnten Futters, am besten zwecks Bindungsaufbau einfach direkt aus Ihrer Hand.

Auch wenn bestimmt schon viele Freunde, Nachbarn und Verwandte, vor allem die Kumpels Ihrer Kinder sehr gespannt sind auf Ihren Neuzugang – vertrösten Sie alle gut meinenden Besucher erst einmal um ein paar Tage, bis der Hund sich einigermaßen an sein neues Zuhause und vor allem an seine neuen Menschen gewöhnen konnte. Schließlich soll er ja zunächst Sie und Ihre direkte Familie kennenlernen, Ihnen vertrauen und als sein eigenes Rudel akzeptieren. Erst wenn er sich in der neuen Umgebung sicher fühlt, sollte Besuch in wohldosierter Form den Vierbeiner gebührend bestaunen und feiern dürfen.

Nach der ersten Erkundungsrunde draußen lassen Sie Ihren Hund auch in Ruhe die Wohnung anschauen und alles inspizieren. Stören Sie ihn dabei möglichst wenig, aber bleiben Sie bei ihm und sprechen immer wieder beruhigend mit ihm. Zeigen Sie ihm vor allem seinen Hundeplatz, den Sie gerne mit ein paar leckeren Häppchen besonders interessant machen dürfen. Sicher wird es nun auch bald Zeit für die erste richtige Mahlzeit, die er am neuen Futterplatz zu sich nehmen sollte. Ist er zu aufgeregt und abgelenkt, dann zwingen Sie ihn nicht – er wird nicht gleich verhungern, wenn einmal eine Ration ausfällt. Sobald sich alle Sinne beruhigt haben, wird auch das bekannte Futter wieder schmecken. Für alle Haushaltsmitglieder gilt es in diesen ersten Stunden, den neuen Hausgenossen nicht allzu sehr zu bedrängen und mit gutgemeinten Streicheleinheiten oder Spielaufforderungen zu überschütten. Vor allem Welpen benötigen, genau wie Babys noch sehr viel Schlaf, und dazu braucht der Kleine die nötige Ruhe, bestenfalls bereits auf seinem kuschelig eingerichteten Hundeplatz oder alternativ in der Transportbox (siehe auch unter „Die ersten Nächte"). Am besten warten alle Familienmitglieder einfach ab, wie der Hund sich verhält, und wenn er von sich aus den Kontakt sucht, umso besser. Das fällt vor allem Kindern meist schwer, daher müssen die Erwachsenen ihnen sehr gut erklären, wie unsicher sich der Hund gerade fühlt und wie die Kinder ihm durch Vorsicht und Geduld helfen können, sich schnell im neuen Heim einzuleben. Mit Worten darf aber gerne jeder mit dem Vierbeiner kommunizieren, denn er lernt bereits schnell, die einzelnen Stimmen zu unterscheiden.

Apropos: Bestimmt haben Sie sich bereits längst einen Namen für Ihren Hund überlegt? Ist es ein Tier „mit Vorgeschichte", das bereits ein eigenes Zuhause hatte, dann übernehmen Sie am besten den Namen, an den der Hund gewöhnt ist. Bei einem Welpen oder einem Findelkind, über dessen Vorleben nichts bekannt ist, sind Sie in Ihrer Entscheidung völlig frei und können einen Namen wählen, der Ihnen und der gesamten Familie gefällt. Wichtig: Alle sollten sich vorab auf einen Namen einigen, denn wird der Hund von einzelnen Mitbewohnern unterschiedlich gerufen, wird es schwierig für ihn, sich zurechtzufinden. Der Name sollte natürlich zum Hund passen, er muss leicht auszusprechen und auch gut zu rufen sein (probieren Sie ruhig vorab schon einmal alle zusammen aus, wie der gewünschte Name so über die Lippen kommt) und sollte für den Hund so eindeutig sein, dass er sich immer auch angesprochen fühlt. Heißt Ihre Tochter etwa Kim oder der Sohn Timm, dann wäre „Jim" ein eher schlechter Hundename, der zu häufigen Verwechslungen führen würde – Sie verstehen? Haben Sie sich für einen Namen entschieden, dann sprechen Sie den Hund möglichst immer freundlich und liebevoll damit an. Sobald er nun Blickkontakt zu Ihnen aufnimmt oder auch zum Streicheln oder Spielen zu Ihnen hingelaufen kommt, nennen Sie ihn freundlich bei seinem Namen. Sie werden überrascht sein, wie schnell der kluge Vierbeiner dieses Wort schon mit sich verbindet und gespannt aufblickt, wenn Sie ihn nun ansprechen. Jede positive Reaktion auf seinen Namen sollten Sie und alle Familienmitglieder ab jetzt immer begeistert feiern und den Hund freudig dafür loben. Je wohlwollender sein Name von ihm wahrgenommen wird, desto begeisterter wird er darauf reagieren und gehorchen.

Sicher wird es auch bereits in den ersten Stunden und Tagen Situationen geben, in denen Sie Ihrem neuen Mitbewohner klar machen müssen, dass er gerade etwas Unerwünschtes tut, wenn er zum Beispiel seine spitzen Welpenzähne am Tischbein ausprobiert oder sich in Ihr Hosenbein verbeißt – in solchen Situationen sprechen Sie bitte niemals den Hund ärgerlich und unwirsch mit seinem Namen an, denn das würde ihn extrem verunsichern! Der Hundename soll zunächst ausschließlich mit positiven Gefühlen und Erlebnissen verbunden werden. Besser als zu schimpfen ist es, wenn Sie den Hund durch Ablenkung von seinem unerwünschten Verhalten abbringen und ihn dann, wenn er das Richtige macht, ausgiebig loben. Knabbert er also am Tischbein oder an der Teppichkante, nehmen Sie rasch ein Hundespielzeug, etwa ein dickes Tau, und lenken seine Knabberlust darauf, indem Sie ihn damit zum Spielen auffordern. Sobald Sie ein kurzes Zerrspiel mit ihm gespielt haben und ihm danach das Tau zum Knabbern überlassen, loben Sie ihn ausgiebig und begeistert, wenn er sich damit weiter beschäftigt. Bedenken Sie, dass für den Hund im Moment noch alles neu und ungewohnt ist und er die Regeln, die in seinem neuen Rudel gelten, ja erst noch kennenlernen muss. Bleibt das Tischbein für ihn zu interessant, dann sollten Sie ihm den Zugang zu dem Zimmer, in dem der Tisch steht, immer dann verwehren, wenn Sie ihn nicht beaufsichtigen können. Diese Vorgehensweise gilt in ähnlicher Form natürlich auch, wenn Sie einen ausgewachsenen Hund übernehmen – auch dieser muss die Regeln im neuen Zuhause erst kennenlernen, bevor er sie befolgen kann. Bleiben Sie geduldig und immer am Ball, denn auch ein älterer Hund ist durchaus lernfähig.

Das wichtigste Ziel in diesen ersten Stunden und Tagen des Zusammenlebens ist es, dass der Hund uneingeschränktes Vertrauen zu Ihnen und Ihrer Familie fassen kann. Das bedeutet aber auch, dass immer jemand für ihn da sein muss, um ihn zu beaufsichtigen und ihm auch Sicherheit zu geben. Überhaupt braucht der Kleine jetzt eine Rund-um-die-Uhr-Betreuung, damit er lernen kann, wie es im neuen Zuhause zugeht und Sie auch jederzeit einschreiten können, wenn er etwas macht, was er nicht soll. Je mehr positive Erlebnisse und Erfahrungen er in dieser Zeit machen kann, desto schneller wird er eine enge Bindung zu Ihnen aufbauen.

Bindungsfördernde Aktivitäten:

- Körperkontakt wie Streicheln, Kuscheln, Kontaktliegen,
- Freundliche Ansprache,
- Futter und Leckerlis geben,
- Pflegemaßnahmen (Bürsten, Striegeln, Gesundheitskontrolle) nach Gewöhnung,
- Gemeinsames Spielen,
- Gemeinsame Unternehmungen (Spaziergang, Hundesport, Wandern usw.).

Wichtig ist es, dass diese Aktivitäten immer von Ihnen ausgehen sollten, genauso wie Sie bestimmen, wann sie beendet werden. So machen Sie sich für Ihren Hund interessant, und er wartet förmlich darauf, dass Sie ihn wieder zu einer spannenden Aktion auffordern. Die Bindung zwischen Ihnen und Ihrem Vierbeiner wird so immer enger.

Schimpfen, laute Worte oder unwirsche Behandlung zerstören innerhalb kürzester Zeit dieses Vertrauen des Hundes wieder, und es dauert um so länger, bis er sich wieder sicher fühlt. Selbstverständlich wird es im Laufe Ihrer vielen gemeinsamen Jahre auch immer Situationen geben, in denen Sie Ihrem Hund klarmachen müssen, dass er sich gerade falsch verhält, und das können Sie dann auch entsprechend zum Ausdruck bringen – aber dann kennt der Vierbeiner Sie bereits, hat unerschütterliches Vertrauen und fühlt sich bei Ihnen sicher. Bis es soweit ist und Sie beide zu einem eingespielten Team zusammengewachsen sind, gehen Sie behutsam vor und überlegen sich immer, wie Sie Ihrem Hundebaby oder auch ausgewachsenen Hund die Regeln in seinem neuen Zuhause erst einmal verständlich machen können.

8.3. SAUBERKEITSERZIEHUNG

Zieht ein Hund bei Ihnen ein, der schon etwas älter ist und bereits ein anderes Zuhause hatte, dann wird er wahrscheinlich schon stubenrein sein und wissen, dass er seine Geschäfte draußen erledigen muss. Allerdings mag es sein, dass er in der neuen Umgebung zunächst so verunsichert ist, dass er nicht weiß, wo er darf und wo nicht. Führen Sie ihn regelmäßig dorthin, wo er sich ab jetzt möglichst lösen soll, und haben Sie Geduld. Sobald er das tut, was er soll, loben Sie ihn sehr ausgiebig, dann wird er schon bald verstehen, was Sie von ihm erwarten.

Um einen Welpen stubenrein zu bekommen, bedarf es mehr Zeit und besserer Vorbereitung. Grundsätzlich ist es wichtig, den Kleinen immer sofort (!!) nach einer Schlafphase und immer nach einer Mahlzeit nach draußen an den Platz zu tragen, an dem er sich ab jetzt lösen soll. Auch wenn er merkbar unruhig wird und die Nase am Boden hält, ist das meist ein Zeichen, dass er sich gleich hinhocken und sein Geschäft erledigen wird. Wenn Sie das bemerken, heben Sie ihn kommentarlos auf den Arm und tragen ihn zügig hinaus. Bitte versuchen Sie nicht erst, den Hund zu sich zu rufen oder ihn zu animieren, selber in den Garten zu laufen, denn dann ist es oft schon zu spät. Ist ein Malheur auf dem Fußboden bereits passiert, dann entfernen Sie dieses kommentarlos und am besten, ohne dass der Hund Ihnen dabei zuschaut. Sorgen Sie auch dafür, dass die Gerüche gut mit entsprechenden Reinigungsmitteln überdeckt werden, sonst fühlt sich der Hund eventuell animiert, immer wieder an dieselbe Stelle zu machen.

Tut Ihr Hund aber genau das, was Sie sich wünschen, und verrichtet brav sein kleines und großes Geschäft draußen am vorgesehenen Platz, dann dürfen Sie ihn richtig feiern! Loben Sie ihn ausgiebig und streicheln ihn, damit er merkt, dass er gerade etwas ganz Tolles geschafft hat. Am besten verbinden Sie die Aktion gleich schon mit einem bestimmten Signalwort, zum Beispiel „Mach Pipi" oder etwas in der Art, was Sie ab jetzt immer anwenden, wenn der Kleine draußen Urin oder auch Kot absetzen soll. Mit Geduld und etwas Glück wird er dieses Kommando bald schon mit der „Aktion Pipimachen" verbinden und wissen, was Sie von ihm erwarten.

8.4. DIE ERSTEN NÄCHTE

Nach den ersten aufregenden Stunden mit Ihrem neuen Familienmitglied stellt sich die Frage, wie alle die nächsten Nächte verbringen werden. Der Welpe hat bisher noch nie alleine geschlafen, immer lag er eng zusammengekuschelt mit Mutter und Geschwistern. Auch hat er noch nicht gelernt, nachts durchzuschlafen, sondern muss zwischendurch sicher noch einmal nach draußen. Die beste Lösung ist es, wenn Sie den kleinen Hund in einer Kiste / einem Korb direkt zu sich ans Bett stellen, dann hören Sie, wenn er unruhig wird, und können ihm gleichzeitig durch Körperkontakt etwas Geborgenheit vermitteln. Keine Sorge, je älter der Hund wird und desto besser er sich mit Ihrem Tagesrhythmus auskennt, desto eher wird er schließlich auch alleine auf seinem Hundeplatz ruhig schlafen und kann aus dem Schlafzimmer wieder ausquartiert werden. Die Kiste sollte weich gepolstert sein und so hoch, dass der Welpe nicht von alleine herauskrabbeln kann. Je begrenzter der Platz ist, desto weniger Möglichkeit gibt es für den Hund, in der Nacht sein dringendes Geschäft in der Kiste zu erledigen und dennoch einen trockenen Schlafplatz zu haben. Natürlich muss er genug Platz haben, um sich bequem ausstrecken zu können. Wenn er jetzt „mal muss", wird er sich durch Rumpeln und Winseln bemerkbar machen und Sie werden erwachen. Hat er seine letzte Mahlzeit am frühen Abend erhalten, dann gehen Sie unmittelbar vor der Nachtruhe noch einmal mit ihm nach draußen, damit er sich ein letztes Mal lösen kann.

So wird er sicher einige Stunden durchhalten, und nach spätestens 14 Tagen sollte er, je nach Alter, dann auch bereits durchschlafen können.

Gut geeignet als Welpenschlafplatz ist auch die Transportbox, die Sie für den sicheren Autotransport Ihres Vierbeiners angeschafft haben, denn die können Sie verschließen. Allerdings sollten Sie den Welpen zunächst daran gewöhnen, es sich in dieser Kiste gemütlich zu machen. Das klappt am besten, wenn Sie ihm gleich in den ersten Tagen des Zusammenlebens die Kiste richtig schmackhaft machen. Richten Sie ihm ein gemütliches, weiches und begrenztes Lager darin ein und machen ihn dann mit ein paar Leckerli und einem begehrten Spielzeug richtig neugierig. Sicher wird er zunächst nur vorsichtig in die unbekannte Kiste hineingucken und versuchen, Häppchen oder Spielzeug mit langem Hals herauszuholen. Egal, loben Sie ihn für seinen Mut und spielen kurz mit ihm und dem Spielzeug. Im nächsten Schritt packen Sie das Lockmittel schon so weit in die Kiste hinein, dass der Hals nicht mehr lang genug ist und er hineinkrabbeln muss, um es herauszuholen. Wieder belohnen Sie ihn mit Lob und kurzem Spiel. Vielleicht klappt es auch schon, dass Sie sich so vor die Kiste hocken, dass er nicht direkt wieder heraus kann, und spielen mit ihm in der Kiste. Bleibt er darin und beschäftigt sich mit dem Spielzeug, schließen Sie schon einmal kurz die Tür und schauen, was er macht. Solange er ruhig und zufrieden bleibt, warten Sie ab, sobald er unruhig wird, öffnen Sie die Tür wieder. Wenn der Welpe nun tagsüber erkennbar müde wird, packen Sie den kleinen Kerl, nachdem er sich noch einmal draußen erleichtert hat, in die Box, wo Leckerchen und Spielzeug auf ihn warten, schließen die Tür und warten, bis er sich ablegt und einschläft. Wenn er wieder aufwacht, sollten Sie die Türe zügig öffnen und ihn wie immer schnell nach draußen bringen. Sollte er bereits wach sein und in der Kiste jammern, dann gehen Sie hin, sprechen ihn zunächst an, und erst wenn er aufhört zu jammern, holen Sie ihn heraus, damit er nicht lernt, dass Jammern zum Erfolg führt. Ein so vorsichtig an seine Kiste gewöhnter Welpe kann schließlich auch tagsüber kurzfristig in der Box „geparkt" werden, wenn es Ihnen gerade nicht möglich ist, ihn im Auge zu behalten, etwa wenn der Paketbote klingelt oder Sie das Essen auf dem Herd beaufsichtigen müssen.

Haben Sie einen bereits ausgewachsenen Hund übernommen, wird er wahrscheinlich weniger Probleme haben, von Beginn an auf seinem Hundeplatz zu schlafen. Es kann hilfreich sein, ihm ein bereits von Ihnen getragenes Kleidungsstück, etwa ein altes T-Shirt oder einen Socken mit zu seinen Decken zu legen, sodass der Geruch ihn beruhigen kann. Sind Sie in den ersten Tagen unsicher, wie der Vierbeiner sich nachts verhalten wird, dann ist es auch hier eine Option, seinen Aktionsradius zu begrenzen, indem Sie den Hunde-Bereich absperren, Türen schließen oder auch die Transportkiste als sicheren Schlafplatz verwenden. Aber auch bei einem älteren Hund kann es natürlich passieren, dass er in den ersten Nächten im neuen Zuhause unruhig ist

oder gar jammert und winselt. Hier hilft es am besten, wenn Sie einen möglichst ritualisierten Ablauf festlegen: Immer zur selben Zeit die letzte Runde laufen, immer zur selben Zeit den Hund zu seinem Bett schicken, vielleicht mit einem letzten Leckerchen, und immer zur selben Zeit dann auch am Morgen wieder für ihn da sein.

Je konstanter der Ablauf ist, desto eher wird er sich daran gewöhnen und seine Gewohnheiten daran anpassen.

8.5. DIE ERSTEN SPAZIERGÄNGE

Mit Ihrem bereits ausgewachsenen Hund machen Sie von Anfang an tägliche Spaziergänge, damit er genug Bewegung und Auslauf bekommt und auch die neuesten Hundenachrichten erschnüffeln kann. Für die Eingewöhnungszeit ist es auch dabei empfehlenswert, wenn Sie sich an einen Zeitplan halten, damit der Hund eine Routine im Tagesablauf erkennen kann. Beispielsweise machen Sie die erste Runde morgens nach dem Aufstehen und vor der ersten Mahlzeit, zwei weitere gegen Mittag bzw. vor der zweiten Futterration und schließlich eine letzte Runde kurz vor dem Schlafengehen. Ganz wichtig dabei ist, dass Ihrem Hund sein Halsband oder Geschirr wirklich gut angepasst sind, damit er nicht herausschlüpfen kann, und auch die Leine muss in jeder Situation halten. Genauso wenig, wie der Hund seine neuen Menschen kennt, sind Sie mit seiner Vorgeschichte vertraut, und es könnte immer passieren, dass Sie mit dem Hund in eine Situation geraten, die ihn ängstigt oder gar in Panik versetzt. Würde er nun entsetzt versuchen zu flüchten, und die Leine reißt oder das Halsband ist zu weit, dann haben Sie keine Möglichkeit, ihn wieder einzufangen, und schlimmstenfalls läuft er vor ein Auto. Bevor Sie beide sich nicht wirklich gut kennengelernt haben und Sie sicher sind, dass der Hund auf Ihren Ruf auch zu Ihnen zurückkommt, ist Freilauf außerhalb des gesicherten Gartens absolut tabu. Um dem Vierbeiner dennoch das Gefühl zu geben, sich einigermaßen frei und ungebunden bewegen zu können, nutzen Sie die lange Schleppleine, wenn es das Gelände erlaubt.

Ein Welpe dagegen sollte in den ersten Tagen des Zusammenlebens noch nicht zu längeren Spaziergängen mitgenommen werden. Viele junge Hunde verweigern sogar anfangs das Mitlaufen, sobald sie sich zu weit vom neuen Zuhause entfernen sollen. Sie suchen die Sicherheit der gewohnten Umgebung und schrecken vor der unbekannten Welt außerhalb noch zurück. Tatsächlich reicht es völlig aus, wenn der Kleine in der

ersten Woche nur den eigenen Garten bzw. die unmittelbare Umgebung der Wohn-
anlage kennenlernt. Sie werden schon bemerken, wann er Interesse bekundet, weiter
zu laufen. Und selbst dann sollten Sie sich noch keine große Strecke vornehmen, denn
genau wie kleine Kinder auch findet der Welpe unterwegs viele Dinge interessant, die
er dann ausgiebig beschnuppern und erkunden möchte. Geben Sie ihm die Zeit. Je
nachdem, wie gut Ihr Hund in seinem vorherigen Zuhause bereits mit Umweltreizen,
Geräuschen und auch anderen Menschen sozialisiert wurde, werden ihn viele neue
Erlebnisse noch erschrecken – das kann ein vorbeifahrendes Auto sein, ein lautes Geräusch oder ein bellender anderer Hund. Manche Welpen sind von Anfang an sehr
unerschrocken und neugierig, andere sehr vorsichtig und ängstlich, das werden Sie
bei Ihrem kleinen Kerl erst herausfinden müssen. Überfordern Sie ihn nicht, sondern
haben Sie Geduld und seien Sie ihm in jeder Situation ein sicherer Rückhalt, zu dem
er sich flüchten kann.

Tatsächlich muss ein Welpe auch das Laufen mit Halsband bzw. Geschirr und an der
Leine erst lernen, denn eine solche Einschränkung seiner Bewegungsfreiheit kannte
er bisher meist noch nicht. Sofern Sie keinen Garten haben und mit dem Kleinen
mehrmals täglich hinaus müssen, damit er seine Geschäfte erledigen kann, müssen
Sie ihn natürlich immer bereits anleinen, aber ein richtiges Laufen an der Leine ist das
noch nicht. Nutzen Sie die ersten Tage, an denen Sie sowieso noch keine Spaziergänge
machen, um ihn vorsichtig daran zu gewöhnen. Legen Sie ihm tagsüber zunächst das
Halsband oder sein Geschirr an und lassen ihn damit herumlaufen, ohne ihn schon
anzuleinen. Am besten verbinden Sie das mit einer Mahlzeit und belohnen ihn mit
Lob und Leckerchen, wenn er sich das brav gefallen lässt. Die ersten Versuche mit
der Leine unternehmen Sie dann innerhalb der Wohnung, mit ganz viel Lob und Ablenkung, falls er sich zunächst unsicher fühlt. Erst wenn sich der Hund drinnen an das
Laufen an der Leine gewöhnt hat, sollten Sie ihn auch draußen an der Leine führen.
Und wenn Sie mitten in der Stadt wohnen, dann sollten Sie für die ersten zaghaften
Ausflüge nach Möglichkeit eine ruhigere Umgebung aufsuchen, wo nicht gleich alle
möglichen Geräusche und Eindrücke auf den kleinen Welpen einstürmen und er sich
in aller Ruhe umschauen kann.

8.6. ALLEINE BLEIBEN MUSS GEÜBT WERDEN

Zieht ein Welpe bei Ihnen ein, dann braucht er in den ersten Wochen eine Rund-um-die-Uhr-Betreuung. Bisher hat er im engen Verbund mit seiner Mutter und den Geschwistern gelebt und noch nicht gelernt, alleine zu sein. Würde er nun plötzlich und ohne Vorbereitung für längere Zeit sich selbst überlassen, kann das zu schweren Verlustängsten und bleibenden Verhaltensproblemen wie Zerstörungswut oder Dauerbellen führen. Darum muss das Alleinbleiben schrittweise geübt werden, bis der Hund sicher weiß, dass sein Mensch auch wieder zu ihm zurückkommt. Beginnen Sie zunächst mit ganz kurzen Augenblicken, in denen Sie den Vierbeiner in einem anderen Raum zurücklassen oder ohne ihn zum Beispiel ins Bad gehen. Um Gefahren für den Hund auszuschließen, sollte er in diesen Augenblicken sicher im Welpenlaufstall oder in der Hundebox untergebracht sein. Bleiben Sie zunächst noch in seiner Sichtweite, und wenn er sich zum Beispiel mit einem Spielzeug beschäftigt, verlassen Sie kommentarlos den Raum. Warten Sie anfangs wirklich nur wenige Augenblicke, bevor Sie wieder zum Hund zurückkehren, und lassen Sie ihn nach einer Weile dann ohne besonderen Kommentar wieder aus der Box kommen. Beginnt er zu winseln oder jammern, dann gehen Sie nicht sofort zu ihm hin, sondern warten zunächst, bis er einen Moment Ruhe gibt, bevor die Boxentür geöffnet wird. Je normaler Sie sich verhalten, desto eher wird Ihr Hund das Gefühl haben, dass alles in Ordnung ist.

Steigern Sie die Zeiträume, in denen der Vierbeiner alleine bleiben muss, langsam und an sein Verhalten angepasst. Manche Welpen sind sehr selbstsicher und halten es gut aus, sich selber zu beschäftigen, andere wiederum sind extrem ängstlich und unsicher. Wenn Sie allerdings jedes Mal sofort zum Hund eilen, sobald dieser anfängt zu jammern, dann lernt er daraus, dass er Sie nur rufen muss, und Sie sind für ihn da – daraus erwächst dann schnell eine Dauerbespaßung, die der Hund erwartet und erfolgreich einfordert. Jeder Hund muss lernen, dass er nicht permanent im Mittelpunkt steht, und je früher Sie ihm das beibringen, desto sicherer wird er damit umgehen.

Bis Ihr Hund tatsächlich auch für einige Stunden alleine zu Hause bleiben kann, sollten Sie das Training langsam und schrittweise aufbauen. Erst ab einem Alter von etwa sechs Monaten sollte der Vierbeiner, je nach Temperament und Typ, ab und zu für maximal zwei bis drei Stunden alleine gelassen werden, wenn es notwendig ist. Machen Sie Ihre Wohnung entsprechend hundesicher und verschließen Sie alle Bereiche, in denen sich der Hund nicht ohne Sie aufhalten soll. Drehen Sie kurz vorher noch eine große Runde mit ihm, damit er sich lösen und auspowern kann, dann wird er im besten Fall die Zeit bis zu Ihrer Rückkehr entspannt verschlafen.

Auch ein älterer Hund sollte zunächst vorsichtig an Zeiten des Alleinbleibens gewöhnt werden. Vielleicht stellen Sie fest, dass er das bereits aus seinem früheren Zuhause kennt und es ihm nichts ausmacht. Es kann aber auch sein, dass er durch den erlittenen Verlust seiner Bezugspersonen traumatisiert ist oder es als Welpe nicht gelernt hat, alleine zu sein – dann müssen Sie genau so Schritt für Schritt eine vorsichtige Gewöhnung erreichen, bevor Sie Ihrem Hund die vorübergehende Abwesenheit seiner Menschen zumuten können.

Zusammenfassung Kapitel 8:

Wenn Ihr lang ersehnter Hund nun endlich bei Ihnen einzieht, dann ist Ihre größte Aufgabe zunächst, eine enge Bindung aufzubauen und eine gute Vertrauensbasis zu schaffen, damit der Vierbeiner sich bei Ihnen sicher und geborgen fühlen kann. Er muss Sie und Ihre Familie genauso kennenlernen wie Sie ihn, und das braucht seine Zeit und viel Geduld und liebevolle Zuwendung. So wird er schnell lernen, sich in Ihren Tagesablauf einzufügen, stubenrein zu werden und auch die Nächte friedlich schlafend zu verbringen, bevor dann am nächsten Tag wieder spannende Ausflüge und Erlebnisse auf dem Plan stehen. Nutzen Sie bei Ihrem Welpen die wichtige Phase der ersten etwa 14 Lebenswochen, um ihn zu einem selbstsicheren und gelassenen Vierbeiner werden zu lassen. Und auch einem ausgewachsenen Hund geben Sie Zeit, sich bei Ihnen einzuleben.

KAPITEL 9: WIE HUNDE LERNEN

Gute Erziehung von Anfang an

Man kann in die Tiere nichts hinein prügeln,
aber man kann manches aus ihnen heraus streicheln.
(Astrid Lindgren)

Die wichtigsten Voraussetzungen für eine erfolgreiche Erziehung Ihres Hundes sind Geduld, Liebe und vor allen Dingen absolute Konsequenz. Hunde sind soziale Lebewesen, die sich in einem Rudel mit klaren Regeln und fester Rollenverteilung sicher und geborgen fühlen. Ein solches Rudel braucht immer einen, der souverän die Regeln festlegt und dafür sorgt, dass diese auch eingehalten werden, denn nur so kann das Überleben des Rudels sichergestellt werden. Damit Ihr Hund also Sie als seinen Boss und Rudelführer akzeptieren kann, erwartet er vor allem klare Ansagen, um sich entspannt Ihrer Führung anzuvertrauen. Nur wenn der Mensch keine einheitliche Linie erkennen lässt und durch inkonsequentes Verhalten den Hund verunsichert, wird dieser entweder selber versuchen, die Führungsrolle zu übernehmen, oder als verhaltensgestörtes Nervenbündel niemals wissen, wie er sich gerade benehmen soll. Sind Sie aber sicher in Ihren Entscheidungen und können diese dem Hund klar und unumstößlich vermitteln, dann wird er gerne bereit sein, sie auch zu akzeptieren.

Hunde lernen vor allem durch Erfahrung. Wenn Sie wollen, dass Ihr Hund ein bestimmtes Verhalten auf Kommando zeigt, dann müssen Sie ihn zunächst dazu bringen, sich wie gewünscht zu verhalten, und ihn genau in diesem Moment dann dafür belohnen. Schnell wird der Vierbeiner die Belohnung mit dem gezeigten Verhalten verknüpfen und sich schon bald immer so verhalten, um wieder belohnt zu werden. Dieses Prinzip der positiven Bestärkung führt bei den meisten Hunden tatsächlich am schnellsten zum gewünschten Erfolg. Hat dagegen ein bestimmtes Verhalten unangenehme Erfahrungen zur Folge oder wird zumindest nicht belohnt, so wird der Hund dieses Verhalten nicht weiter zeigen, da es sich für ihn offensichtlich nicht lohnt. Dieses Lernen am Erfolg, bei dem der Hund sein Handeln bewusst steuern kann, nennt man „instrumentelle oder operante Konditionierung". Aber Achtung: Haben Sie den Keks oder das leckere Wurstbrötchen so hingestellt, dass der vierbeinige Feinschmecker schneller daran kam als Sie, und Sie schimpfen ihn später fürs Stibitzen aus, dann hat der Hund seine Belohnung, nämlich Keks oder Brötchen, längst gehabt! Das Schimpfen hat also mit dem Lernvorgang direkt nichts mehr zu tun. Damit der Vierbeiner lernt, dass es sich nicht lohnt, zu stibitzen, müssen Sie ihm den Erfolg vermasseln, indem etwa an den Teller mit dem Brötchen eine mit Steinen gefüllte Blechdose gebunden wird, die beim Versuch, das Brötchen zu klauen, scheppernd neben dem Hund zu Boden fällt. Daraus lernt der Hund dann, dass der Versuch des Klauens für ihn unangenehme Folgen hat, und wir sind wieder bei der erfolgreichen instrumentellen Konditionierung.

Außerdem lernt der Hund auch, neutrale Reize mit bestimmten Handlungen oder Ereignissen zu verknüpfen, sodass schließlich der Reiz alleine ausreicht, um ein bestimmtes Verhalten quasi reflexartig auszulösen. Bringen Sie Ihrem Vierbeiner etwa bei, dass er sich immer zuerst hinsetzen muss, bevor sein Futternapf hingestellt wird,

dann wird es nicht lange dauern, und der Hund sitzt bereits erwartungsvoll, während Sie noch das Futter zubereiten. Und wenn Sie zum Gassigehen immer dieselbe Jacke anziehen, wird der Hund bald schon wissen, dass es gleich losgeht, wenn Sie nur nach der Jacke greifen und freudig zur Tür stürmen. Diese Art des Lernens, die unbewusst und nicht willentlich steuerbar ist, nennt man „klassische Konditionierung".

Die besten Lernerfolge lassen sich in der Hundeausbildung mit einer Kombination aus positiver Bestärkung des erwünschten Verhaltens und Ignorieren oder Vermeiden des unerwünschten Verhaltens erzielen. Damit Ihr Hund versteht, welches Verhalten Sie von ihm erwarten, ist es extrem wichtig, dass Sie immer genau dieses Verhalten auch unmittelbar belohnen. Wenn Sie also möchten, dass der Vierbeiner sich hinlegt und er das dann auch macht, muss die Belohnung sofort und in dem Moment erfolgen, wo der Hund liegt, und nicht erst, wenn er sich nach kurzem Hinlegen in Erwartung einer Belohnung bereits wieder aufgesetzt hat. Wenn der Hund Sie nicht anspringen soll, dann müssen Sie ihn konsequent ignorieren und dürfen ihn nicht anfassen oder gar streicheln, wenn er das macht. Und wenn ein unerwünschtes Verhalten an sich schon als Belohnung vom Hund empfunden wird, beispielsweise das Fressen des stibitzten Brötchens, dann müssen Sie nach Möglichkeit verhindern, dass er dieses Verhalten überhaupt ausführen kann. Wie Sie Ihrem Hund beibringen, genau das zu tun, was Sie gerne möchten, werden wir uns nun im Einzelnen ansehen.

9.1. KLARE ANSAGEN

Über das Ausdrucksverhalten unserer Hunde haben wir ja bereits ausführlich gesprochen. Auch wenn sie unsere Sprache nicht sprechen können, so sind Hunde durchaus in der Lage, bestimmte Worte zu verstehen und sogar deuten zu lernen. In Verbindung mit unserer Gestik, Mimik und dem verwendeten Tonfall können sie außerdem sehr genau erfassen, was wir ihnen gerade sagen wollen und in welcher Stimmung wir sind. Die erfolgreiche Erziehung Ihres Vierbeiners beginnt also mit der Festlegung eines klaren Vokabulars, bei dem jedes Wort (oder Wort-Kombination) eine ganz bestimmte Bedeutung hat oder ein bestimmtes Verhalten bewirken soll. Im Folgenden behandeln wir die wichtigsten Begriffe der Grundausbildung, die jeder Hund unabhängig von seiner weiteren Ausbildung beherrschen sollte, um ein angenehmer und wohlerzogener Begleiter zu sein.

Wichtig ist dabei nicht, welches Wort Sie einem bestimmten gewünschten Verhalten zuordnen, sondern dass Sie (und alle, die sonst mit Ihrem Hund umgehen werden) das einmal gewählte Wort dann konsequent beibehalten!

WAS Sie von Ihrem Hund wollen	WIE Sie es Ihrem Hund sagen (Beispiele)
Er soll zu Ihnen kommen.	Hier! / Hierher! / Komm hier!
Er soll sich hinsetzen.	Sitz! / Setz dich! / Setzen!
Er soll sich hinlegen.	Platz! / Down! / Leg dich!
Er soll sofort stehen bleiben.	Halt! / Stopp! / Steh!
Er soll an einem bestimmten Platz warten.	Bleib! / Warte! / Stay!
Er soll dicht neben Ihnen laufen.	Fuß! / Bei Fuß! / Links! oder Rechts!
Er soll etwas hergeben.	Aus! / Gib! / Meins!
Er darf eine Übung beenden.	Und lauf! / Und los! / Fertig! _Quit_
Er hat etwas richtig gemacht.	Fein! / Brav! / Gut gemacht! / Toll! / Super!
Er macht gerade etwas Unerwünschtes.	Pfui! / Ey! / Schluss! / Hör auf!

Gewöhnen Sie sich an, mit Ihrem Hund mit deutlicher Aussprache und normaler Lautstärke zu kommunizieren, denn Hunde hören besser als wir Menschen. Das jeweilige Kommando muss für den Hund klar zu verstehen sein: Ein einmaliges „Hier" mit lang gezogenem „ie" ist eindeutig, bei „NunkommhierherFifihierherhabichgesagtkommjetzthier" wird der Hund auf Durchzug schalten, weil er nichts versteht. Sie sollten ein Kommando auch immer nur einmal geben, denn sonst lernt Ihr Hund, dass er sich aussuchen kann, nach wie vielen Ansagen er gehorchen will. Achten Sie immer darauf, dass der Vierbeiner auch tatsächlich gehorchen kann – wenn er gerade hockt und sein großes Geschäft macht, warten Sie natürlich mit dem Rufen, bis er fertig ist. Je nachdem, was Sie mit Ihrem Kommando bewirken wollen, lassen Sie Ihre Stimme ruhig, spannend, erfreut, streng, missbilligend oder einfach neutral klingen. Ihr Vierbeiner ist extrem feinfühlig und je besser er Sie kennt, desto mehr vermag er aus Ihrer Stimme herauszulesen. Wenn er also später das Kommando zum Hinsetzen schon gut kennt und sich brav setzt, reicht es, wenn Sie ihn mit einem ruhig ausgesprochenen „Fein!" dafür loben. Wenn er auf Ihren Ruf schnell zu Ihnen eilt, obwohl er kurz in Versuchung war, doch lieber dem Hasen nachzulaufen, der da über das Feld hoppelte, dann ist das schon ein sehr, sehr begeistertes und in hohen Tönen gejubeltes „Fein!!!!" und eine richtig tolle Belohnung wert, denn das ist eine beachtliche Leistung. Ein derart positiv bestärkter Hund wird Ihnen jederzeit gerne gehorchen.

9.2. RICHTIG BELOHNEN

Das Prinzip der positiven Bestärkung in der Hundeerziehung funktioniert also über Belohnungen. Wir wissen aus eigener Erfahrung oder auch aus der Erziehung unserer Kinder, dass die Motivation, etwas Bestimmtes zu tun, umso größer ist, wenn am Ende eine Belohnung winkt – sei es eine Süßigkeit, eine Aufbesserung des Taschengeldes oder sogar eine Gehaltserhöhung, oder auch einfach nur ein ehrlich gemeintes Lob oder die Anerkennung durch andere. Damit Sie über Belohnungen Ihren Hund erfolgreich erziehen, gilt es, drei Dinge zu beachten:

A. Was wird belohnt?
B. Wann wird belohnt?
C. Womit wird belohnt?

Zu A.: Was wird belohnt?
Jede Verhaltensweise, die Ihr Vierbeiner auf Ihre Aufforderung hin richtig zeigt oder durchführt, verdient eine Belohnung. Dabei müssen Sie auch den Wert des Verhaltens einrechnen, denn für eine Übung, die noch neu für Ihren Hund ist, muss er sich erheblich mehr ins Zeug legen, um sie richtig auszuführen, als für eine, die er bereits zigmal gemacht hat und fast im Schlaf beherrscht. Mit zunehmender Sicherheit ist auch die Geschwindigkeit, mit der Ihr Hund das Kommando befolgt, entscheidend für die Qualität (und ggf. Quantität) der Belohnung. Und auch die äußeren Umstände spielen eine Rolle: Wenn etwa im Welpenspielkurs gerade das „Sitz" geübt wird, und

einer der Hunde-Schüler rennt plötzlich los, aber Ihr Welpe bleibt brav sitzen, dann ist das natürlich eine viel größere Leistung als ein „Sitz" in Ruhe zu Hause im Wohnzimmer.

Außerdem sollten Sie zumindest in der Trainingsphase Ihren Hund auch belohnen, wenn er zufällig ein Verhalten zeigt, das er gerade lernen soll. Für einen ganz jungen Welpen ist es beispielsweise schon extrem motivierend, wenn er, während er gerade den Kontakt zu Ihnen sucht und freudig auf Sie zuläuft, ein begeistertes „Fein! Hier!" von Ihnen hört und ausgiebig gestreichelt wird. Auch die Sauberkeitserziehung klappt umso schneller, wenn Sie jedes Mal, während der Vierbeiner draußen in die Hocke geht, um sein Geschäft zu verrichten, ein erfreutes „Fein!" oder „Brav!" von sich geben oder sogar ein kleines Leckerli springen lassen.

Zu B.: Wann wird belohnt?

Extrem wichtig beim Einsatz der Belohnung ist das richtige Timing. Dabei geht es tatsächlich oft um Sekundenbruchteile, damit der Hund die Belohnung auch wirklich mit dem gewünschten Verhalten verknüpft. Soll er sich beispielsweise hinlegen, so muss die Bestätigung genau in dem Moment erfolgen, wo er mit Brust und Bauch den Boden berührt – nicht bereits, wenn er nur „halb" liegt und auch nicht erst, wenn er sich vielleicht schon wieder aufrichtet, um schneller an den Happen in Ihrer Hand zu kommen! Gerade im Training bei der Einführung eines neuen Kommandos ist es also unbedingt wichtig, dass Sie ein Belohnungsleckerli bereits in der Hand halten, wenn die Übung startet.

Selbstverständlich müssen Sie Ihren Hund nicht sein ganzes Hundeleben lang für jedes „Sitz" oder „Platz" mit Häppchen belohnen. Je sicherer er eine Übung beherrscht und je selbstverständlicher diese im Tagesablauf angewendet wird, desto weniger Anreiz braucht er für die korrekte Ausführung. Daher wird während des Trainings die Belohnung Schritt für Schritt zurückgeschraubt – anfangs durch variabel eingesetzte und unterschiedlich „wertvolle" Belohnungen, schließlich wird nur noch ab und zu belohnt. Was Sie jedoch beibehalten sollten, ist das Belobigungswort, etwa „Fein!", denn damit können Sie jederzeit ihrem Hund schnell zu verstehen geben, dass er Sie richtig verstanden hat und das gewünschte Verhalten zeigt – ähnlich einem kurzen „Danke, dass Du das so machst, wie wir es geübt haben". Auch hält es die Motivation des Hundes zum guten Gehorsam aufrecht, wenn er sogar für perfekt funktionierende und altbekannte Übungen überraschend zwischendurch eine besondere Belohnung erhält. Und alle neuen Kommandos oder komplexeren Übungen werden natürlich wieder über bessere Belohnungen aufgebaut.

Zu C.: Womit wird belohnt?

Wie hochwertig eine Belohnung ist, kann von Hund zu Hund sehr unterschiedlich ausfallen. Im Welpentraining wird für die Grundausbildung oft empfohlen, einfach das ganz normale Futter einzusetzen und dem Hund seine Tagesration quasi während der Übungen zu verfüttern. Das macht insofern Sinn, als in dieser Lebensphase noch sehr viele tägliche Wiederholungen der einzelnen Kommandos und Übungen nötig sind, bis der Hund sie wirklich sicher beherrscht – da ist es oft schwierig, die vielen Belohnungshäppchen in die Tagesration einzubeziehen und den Vierbeiner nicht gleichzeitig zu überfüttern. Allerdings soll er aber auch lernen, sich an einen geregelten Tagesablauf zu gewöhnen, und dazu gehören feste Fütterungszeiten. Als Kompromiss kann eine Halbe-Halbe-Lösung praktiziert werden, da sich vor allem die kleinen Trockenfutter-Kroketten tatsächlich sehr gut als Belohnungshappen eignen.

Allerdings fehlt bei der Futter-Belohnung der Reiz des Besonderen. Gerade die Einführung neuer Kommandos oder komplexerer Übungen erfordern auch eine Steigerung der Belohnungsqualität, um den Hund richtig zu motivieren. Je höher der Schwierigkeitsgrad, desto besser sollte die Belohnung ausfallen. Der Hund muss merken, dass er für eine besondere Leistung auch entsprechend belohnt wird. Finden Sie heraus, was Ihrem Vierbeiner ganz besonders das Wasser im Maul zusammenlaufen lässt: Sind es kleine Stückchen Käse, ein Häppchen Fleischwurst oder gar ein Scheibchen Karotte oder ein Stück Apfel? Bestenfalls haben Sie immer mehrere unterschiedliche „Währungen" im Angebot, das steigert den Arbeitswillen Ihres Hundes ins Unermessliche, denn es könnte ja immer der Hauptgewinn herausspringen. Um viele einzelne

Übungen belohnen zu können, müssen die Häppchen wirklich klein sein (da reicht durchaus ein reiskorngroßes Stückchen Fleisch oder ein erbsengroßer Käsewürfel), dann können Sie besonders spektakuläre Leistungen auch mal mit einer ganzen Handvoll Happen würdigen. Aber passen Sie höllisch auf, dass Ihnen nicht aus Versehen ein solcher Super-Happen aus der Tasche fällt und der Hund ihn dann ganz ohne Gegenleistung aufsaugen kann, damit vergeben Sie Ihre wertvolle Munition. Und natürlich sollte der Hund nicht unmittelbar vor dem Training erst noch gefüttert werden, denn der volle und satte Bauch schmälert die Lust auf Belohnungshappen deutlich.

Natürlich wirkt auch ein begeistert geäußertes „Fein!", „Toll!" oder „Super!" als Ansporn für gutes Benehmen. Wie bereits gesagt, lernt der Hund aus Ihrem Tonfall herauszulesen, wie begeistert Sie wirklich sind, und so können Sie allein mit Ihrer Stimme auch sehr unterschiedliche Wertungen in ein Lob legen. Ein solches Belobigungswort hat den großen Vorteil, dass Sie es immer und überall dabei haben und auch jederzeit einsetzen können, ohne erst noch lange in Ihrer Tasche oder dem Leckerli-Beutel nach einem Happen zu kramen. Gewöhnen Sie sich an, Ihren Hund schon in der Grundausbildung für jedes richtige Verhalten gleichzeitig verbal und mit einem Extra-Happen zu belohnen, dann wird es um so einfacher, die Leckereien nach und nach abzubauen.

Für viele Hunde ist aber Futter als Belohnung gar nicht so reizvoll, da sie sowieso eher verhaltene Fresser sind. Zumindest das normale Hundefutter zieht bei diesen Schülern gar nicht, und selbst mit besonderen Happen kann man sie oft nicht wirklich begeistern. Dann sind es vielleicht eher die ausgiebigen Streicheleinheiten durch den Lieblingsmenschen, die einen solchen Hund ganz aus dem Häuschen bringen vor Glück, oder es ist ein spannendes gemeinsames Spiel mit dem absoluten Lieblingsspielzeug. Sehr viele Hunde lieben Zerrspiele mit einem dicken Seil oder wollen einem Ball hinterherrennen – wird dieses Lieblingsspielzeug dann als Belohnung für eine gewünschte Verhaltensweise in Aussicht gestellt, spornt das den Hund genauso hochwertig an wie der Belohnungshappen die kleinen „Fressmaschinen". Ein kurzes Spiel von wenigen Sekunden nach erfolgreicher Übung reicht da als Bestätigung schon aus. Je vielseitiger Sie die Belohnungen für Ihren Hund gestalten, desto spannender und interessanter machen Sie das Training für ihn und desto mehr wird er sich darauf auch konzentrieren.

9.3. GRENZEN SETZEN, KORRIGIEREN, BESTRAFEN

Im Zusammenleben mit Ihrem Vierbeiner wird es immer auch Situationen geben, in denen Sie ihm verständlich machen müssen, dass Sie ein bestimmtes Verhalten nicht wünschen. Vor allem am Anfang, wenn der Hund Ihren Alltag noch nicht gut kennt, kann er ja nicht wissen, dass er zum Beispiel nicht ins Schlafzimmer darf oder Sie das Wurstbrötchen nicht für ihn auf den Teller gelegt haben, sondern lieber selber essen wollten. Die wichtigste Regel beim Durchsetzen der von Ihnen gewünschten Grenzen ist also, diese dem Hund erst einmal verständlich zu übermitteln. Wie bereits erwähnt, ist der bessere und nachhaltigere Lernerfolg immer durch positive Bestärkung bzw. durch Vermeidung von unerwünschtem Verhalten zu erzielen. Ein Hund, der andauernd auch für Kleinigkeiten getadelt wird, die er selbst unwissend falsch macht, ist schnell frustriert – ein Hund, der viel gelobt wird für alles, was er richtig macht, ist motiviert und lernbereit.

Zunächst sollten Sie die individuelle Empfindlichkeit und Feinfühligkeit Ihres Hundes gut einschätzen können. Ein sehr sensibler Vierbeiner reagiert bereits auf ein streng gesprochenes „Pfui" schreckhaft und ängstlich, während ein sehr selbstsicherer Draufgänger auch durchaus einen physischen Rempler seines Menschen riskiert, um seine Grenzen auszuloten. Genau wie bei der Belohnung kommt es auch bei Korrekturen auf das richtige Timing an. Hat der Hund beispielsweise in Ihrer Abwesenheit den Mülleimer ausgeleert und den Inhalt in der Küche verteilt, nützt es wenig, wenn Sie ihn eine Stunde später, wenn Sie das Unheil entdecken, lautstark dafür ausschimpfen. Das sprichwörtliche „schlechte Gewissen", das viele Hundehalter in einer solchen Situation bei ihrem Vierbeiner erkennen wollen („der weiß ganz genau, warum ich jetzt schimpfe!") hat viel mehr mit dem feinen Gespür des Hundes für unsere Stimmungen zu tun, denn er merkt sofort, wenn sein Mensch schlecht gelaunt ist. Dass er selber die Quelle dieser schlechten Laune ist, weil er den Mülleimer geplündert hat, kann der Hund aber nicht wissen. Besser, als den Hund jetzt auszuschimpfen ist es, den Mülleimer in Zukunft hundesicher zu versperren oder dem Vierbeiner den Zutritt zur Küche in Ihrer Abwesenheit unmöglich zu machen.

Der Einsatz von anonymen Korrekturhilfen, die dem Hund verdeutlichen, dass er ein Verhalten besser nicht ausführen sollte, ohne dass sein Mensch direkt auf ihn einwirken muss, haben den großen Vorteil, dass sie das Vertrauen zwischen Hund und Halter nicht belasten. Füllen Sie zum Beispiel eine leere Blechdose halbvoll mit kleinen Steinen und verschließen sie gut. Buddelt der Jungspund nun hingebungsvoll in Ihrem gepflegten Blumenbeet, werfen sie die Dose so, dass sie laut scheppernd dicht neben ihm landet. Springt der Hund erschreckt von der Rabatte weg, blicken Sie bereits völlig unbeteiligt in eine ganz andere Richtung und können ihn sogar freudig begrüßen, wenn er nun irritiert zu Ihnen läuft. Damit bestärken Sie das richtige Verhalten. Macht es sich der Vierbeiner gerne auf Ihrem Sofa bequem, wenn Sie nicht im Zimmer sind, dann verleiden Sie ihm das ganz einfach, indem Sie die Sitzfläche mit ein paar Kisten, Büchern oder harten Besenstielen so unbequem machen, dass er bald lieber auf seinem weichen Hundeplatz liegt.

Und soll er nicht ins Schlafzimmer, dann verwehren Sie ihm so lange den Zugang durch Gitter oder geschlossene Türen, bis dieser Raum für ihn uninteressant geworden ist.

Manche Verhaltensweisen lassen sich aber nicht durch anonyme Hilfsmittel korrigieren, beispielsweise das Anspringen oder das Zerren an der Leine. Anstatt aber den Hund dafür auszuschimpfen oder gar körperlich zu maßregeln, ist es viel eindrücklicher, wenn Sie dieses unerwünschte Verhalten konsequent ignorieren. Springt der Hund an Ihnen hoch, wenden Sie sich sofort und kommentarlos von ihm ab und beachten ihn so lange nicht, bis er von Ihnen ablässt. Sagen Sie auch nicht „Pfui" oder etwas anderes, denn auch das wäre eine Art von Aufmerksamkeit. Warten Sie noch einen kurzen Moment und wenden sich dann wieder liebevoll und aufmerksam dem Hund zu. Haben Sie das einige Male so gehandhabt, wird der Hund nicht mehr anspringen, weil sich dieses Verhalten für ihn nicht lohnt. Alternativ können Sie ihm auch in dem Moment, wo er wahrscheinlich an Ihnen hochspringen möchte, das Kommando zum Hinsetzen geben – gehorcht er brav und setzt sich, wird er sofort und ausgiebig gelobt und belohnt. Allerdings ist es sehr wichtig, dass auch keine andere Person dem Hund Beachtung schenkt oder ihn gar streichelt, wenn er diese anspringt – da müssen alle

Familienmitglieder wirklich konsequent bleiben! Das Zerren an der Leine unterbinden Sie von Anfang an sehr wirkungsvoll, wenn Sie sofort stehen bleiben, sobald der Hund zu schnell wird und die Leine sich spannt. So kommt der Vierbeiner nicht dorthin, wo er hin möchte, und muss warten, bis Sie wieder weiterlaufen, und das passiert erst, wenn die Leine durchhängt. Tatsächlich kann das am Anfang sehr anstrengend sein, da Sie unter Umständen so gut wie gar nicht vom Fleck kommen, aber das ist dann eben so, bis der Hund merkt, mit welchem Verhalten er weiterkommt und mit welchem eben nicht. Sie können auch einfach jedes Mal, wenn Ihr Kamerad sich in die Leine hängt, sofort und konsequent die Richtung wechseln – dann muss er wohl oder übel mit und erreicht auch nicht sein Ziel.

Eine aktive Bestrafung des Hundes, sei es durch laute Schimpftiraden oder gar körperliche Züchtigung, zerstört das Vertrauen des Hundes in Sie als souveränen Boss und hat in der Hundeerziehung nichts zu suchen. Auch subtile „Bestrafungen" wie den Entzug von Nahrung oder stundenlanges beleidigtes Ignorieren kann ein Hund nicht verstehen, geschweige denn mit seinem ungewünschten Verhalten verknüpfen, es verunsichert ihn nur maßlos und führt ebenfalls zum Vertrauensverlust. Je intensiver Sie bereits in der Grundausbildung nach dem Prinzip der positiven Bestärkung arbeiten, desto weniger ergeben sich Situationen, in denen Ihr Hund gegen Ihre Regeln verstößt. Seien Sie konsequent, selbstsicher und souverän im Umgang mit Ihrem Vierbeiner, dann hat er keinen Grund, Sie mit Ihren Entscheidungen infrage zu stellen.

9.4. DIE GRUNDÜBUNGEN

Mit einem Hund, der die Grundkommandos beherrscht, können Sie sich in der Öffentlichkeit sicher bewegen und ernten wahrscheinlich anerkennende Zustimmung, denn leider sind sehr viele Hunde schlecht oder gar nicht erzogen, was immer wieder zu Problemen führt. Während der Grundausbildung lernt Ihr Vierbeiner viele Dinge, die ihm bisher fremd waren, und muss sich in den einzelnen Trainingseinheiten auch ordentlich konzentrieren. Es empfiehlt sich, alle neuen Übungen anfangs möglichst ohne Ablenkung zu trainieren. Am besten beginnen Sie in der bekannten Umgebung Ihrer Wohnung, wenn Sie mit dem Hund alleine sind. Er muss ausgeruht sein und vorher die Möglichkeit bekommen, sich draußen zu lösen und auch schon etwas auszutoben. Bis eine Übung sitzt, braucht der Hund sehr viele Wiederholungen, über mehrere kurze Übungseinheiten verteilt. Die Übungssequenzen dürfen am Anfang noch nicht zu lange dauern, zwei bis drei Minuten reichen meist schon aus, dafür verteilen Sie mehrere solche Lernblöcke über den Tag. Beenden Sie eine Einheit immer nach einem erfolgreich ausgeführten Kommando mit einem für den Hund sehr positiven Erlebnis, beispielsweise einer kurzen Spieleinheit (Zerrspiel, Bringspiel).

Trainieren Sie zunächst immer nur eine Übung, also etwa dreimal täglich drei Minuten das Hinsetzen und dreimal täglich drei Minuten das Herankommen, aber nicht beides gleichzeitig. Eine Kombination verschiedener Grundübungen wird erst funktionieren, wenn Ihr Vierbeiner die Einzelübungen gut beherrscht. Je sicherer der Vierbeiner die Übung dann ausführt, desto mehr Ablenkung fügen Sie hinzu: Zunächst üben Sie im Garten, dann auf einer Wiese neben dem Gehsteig oder in der Hundeschule, schließlich trainieren Sie auch auf dem Parkplatz des Supermarktes oder neben dem Schulhof der Grundschule, vielleicht sogar in der Fußgängerzone oder am Bahnhof. Selbstverständlich muss die Sicherheit des Hundes und aller unbe-

teiligten Mitmenschen immer gewährleistet sein. Und sobald Sie merken, dass die Ausführung der jeweiligen Übung nachlässiger wird oder nicht mehr zuverlässig klappt, müssen Sie wieder einen Übungsschritt zurückgehen – also wieder weniger Ablenkung, mehr Belohnung usw., bis das Ergebnis wieder so ist, wie es sein soll. Dann wird der Schwierigkeitsgrad erneut langsam gesteigert. Passen Sie das Tempo des Trainings Ihrem Hund an und überfordern Sie ihn nicht, sonst wird er irgendwann die Mitarbeit verweigern.

Das Kommen auf Ruf

Damit ein Hund sich art- und bedürfnisgerecht ausreichend bewegen kann, reicht es in der Regel nicht, ihn außerhalb der Wohnung ausschließlich an einer Leine spazieren zu führen. Zur Gesunderhaltung von Skelett, Muskeln und Gelenken sollte jeder Hund die Möglichkeit haben, dort, wo es erlaubt ist, auch frei herumzulaufen. Daher ist das wohl wichtigste Kommando, das Ihr Hund lernen muss, das Kommen auf Ruf, damit Sie ihn jederzeit und aus jeder Situation heraus sicher zu sich zurückbeordern können. Dafür benutzen Sie im Trainingsaufbau bitte besonders tolle Belohnungen, damit der Hund lernt, dass es sich immer wirklich lohnt, auf das entsprechende Signal sofort zu Ihnen zu eilen.

Gehen Sie in der Wohnung in die Hocke und sprechen den Hund mit seinem Namen an. Blickt er Sie an, kommt aber nicht gleich, machen Sie ein spannendes Geräusch, etwa schnalzen Sie mit der Zunge oder klopfen auf den Boden. Auch ein besonderes Leckerchen dürfen Sie ihm zeigen. Sobald der Hund zielgerichtet auf Sie zuläuft, breiten Sie die Arme aus, sagen freudig-einladend das Signal, z. B. „Hier!" und belohnen ihn sofort bei Ankunft begeistert mit „Fein!" und dem Leckerli. Es ist dabei sehr wichtig, dass Sie das Signalwort erst dann aussprechen, wenn Sie absolut sicher sind, dass der Hund zu Ihnen hinlaufen wird! Würde er vorher doch noch abbiegen, weil etwa sein Spielzeug auf dem Weg liegt, dann wäre der Erziehungseffekt verpufft. Auch wenn der Hund ab jetzt zufällig von sich aus auf Sie zugelaufen kommt, nutzen Sie immer den Moment, sagen begeistert „Hier!" und belohnen ihn sofort bei Ankunft.

Wenn Sie diese Übung schließlich aus der sicheren Wohnung nach draußen verlegen, benutzen Sie die lange Schleppleine, damit Sie Ihren Hund jederzeit im Griff behalten. Je mehr Ablenkung herrscht, desto besser müssen Ihre Belohnungen sein, damit der Vierbeiner auch wirklich motiviert ist, zu kommen. Und bitte gebrauchen Sie IMMER das Signalwort (im Beispiel „Hier!") und rufen den Hund nicht nur mit seinem Namen! Er kann dann nicht wissen, was Sie gerade von ihm erwarten, denn seinen Namen sagen Sie auch in vielen anderen Situationen.

Später, wenn Ihr Vierbeiner das Kommen auf Ruf bereits gut beherrscht und Sie ihn auch frei laufen lassen, achten Sie darauf, ihn zwischendurch immer einmal zu sich zu rufen und für das Kommen zu belohnen, ihn dann aber wieder laufen zu lassen. Würden Sie ihn jedes Mal erst am Ende des Spazierganges rufen, um ihn dann anzuleinen und nach Hause oder zum Auto zurückzugehen, verknüpft der Hund schließlich das Signal „Hier!" mit dem Ende seines Freilaufs, also einer für ihn eher negativen Konsequenz.

Für das Heranrufen des Hundes kann auch sehr gut eine Hundepfeife eingesetzt werden. Viele Hundehalter haben Probleme damit, laut genug zu rufen oder selber zu pfeifen, damit der Hund auch auf Entfernung oder bei Nebengeräuschen das Kommando noch hören kann. Die klassischen Hundepfeifen arbeiten mit Tonfrequenzen, die vom Hundeohr besonders gut wahrgenommen werden. Überlegen Sie sich einen bestimmten Pfiff (zum Beispiel 2 x kurz oder 1 x kurz 1 x lang), den Sie immer nur für den Rückruf verwenden. Nach den ersten Übungen in der Wohnung, bis der Hund verstanden hat, worum es geht, können Sie die Pfeife und das entsprechende Signal bereits einsetzen, indem Sie immer zuerst „Hier!" sagen und sofort danach pfeifen. Schon bald wird Ihr Vierbeiner auch den Pfiff als Signal für das Kommen akzeptieren.

Das Hinsetzen

Für diese Übung sollten Sie den Hund am besten anleinen, auch wenn Sie zunächst im Zimmer trainieren. Stellen Sie sich vor den Vierbeiner und halten ein Leckerchen kurz direkt vor seine Nase und dann in einer zügigen Bewegung dicht über seinen Kopf, sodass er zu Ihrer Hand hochschauen muss. Versucht er, nach der Hand zu springen oder sich aufzurichten, halten Sie die Hand einfach geschlossen weiter über ihn. Bald wird er sich hinsetzen, um bequemer nach oben zu blicken, und genau in dem Moment, wo er mit dem Hinterteil am Boden ist, sagen Sie Ihr Kommando, z. B. „Sitz!" und geben ihm dann sofort das Häppchen, bestenfalls mit dem Lobwort „Fein!". Schon nach wenigen Wiederholungen des Übungsablaufes wird Ihr Hund sich wahrscheinlich brav hinsetzen, und nun können Sie zunächst nur mit „Fein!" loben und die Belohnung etwas hinauszögern, um ihn erst einen kurzen Moment im Sitz zu lassen. Steht er ungeduldig wieder auf, müssen Sie die Übung neu aufbauen, und erst wenn er zuverlässig sitzt, wird er belohnt. Das Ziel soll sein, dass der Vierbeiner lernt, so lange sitzen zu bleiben, bis Sie ihm schließlich erlauben, wieder aufzustehen, entweder durch ein anschließendes Kommando oder durch die Auflösung der Übung. Das ist zum Beispiel nützlich, wenn Sie noch etwas ins Auto laden möchten, bevor der Hund einsteigen darf, oder wenn Sie unterwegs jemanden treffen und sich kurz unterhalten, aber auch jedes Mal beim An- oder Ableinen des Hundes, beim Überqueren von Straßen und in zahlreichen alltäglichen Situationen.

Das Hinlegen

Mit diesem Kommando signalisieren Sie dem Hund, dass es gerade einen Moment länger dauert und er sich derweil entspannt hinlegen kann. Wenn er Sie etwa in ein Café begleitet oder vor dem Bäckerladen kurz auf Sie warten soll, lassen Sie den Vierbeiner besser liegen als sitzen.

Für den Übungsaufbau muss der Hund das Hinsetzen bereits kennen. Wählen Sie einen angenehmen Untergrund für dieses Training, denn kalte Fliesen oder harte Steine halten vor allem Welpen oft davon ab, sich komplett hinzulegen. Leinen Sie Ihren Hund an, gehen vor ihm in die Hocke, lassen ihn sitzen und zeigen ihm das Leckerchen in Ihrer Hand, das Sie nun dicht vor seiner Nase zum Boden führen und dort mit Ihrer flachen Hand verdecken. Es kann durchaus eine Weile dauern, bis der Hund bei den ersten Versuchen von selber auf die Idee kommt, sich abzulegen, aber seien Sie geduldig und warten einfach ab. Legt er sich nun hin, sagen Sie in dem Moment, wenn Po, Brust und Ellbogen den Boden berühren, Ihr Signal, z. B. „Platz!" und belohnen ihn mit dem Happen und „Fein!". Bevor er von sich aus wieder aufsteht, beordern Sie ihn zurück in die Sitz-Position und lassen ihn erst dann wieder aufstehen. Dazu können Sie mit der einen Hand lockeren Druck auf seinen Rücken ausüben, um zu verhindern, dass er sich direkt hinstellt. Der Hund soll lernen, sich nicht einfach selber aus der Platz-Position zu erheben.

Übung beenden

Um dem Hund das Ende einer Übung zu signalisieren, führen Sie ein eigenes Wort ein, zum Beispiel „Fertig!" oder „Und Los!". Dieses Signal bedeutet nicht automatisch, dass der Vierbeiner jetzt losstürmen soll, es sagt ihm lediglich, dass er das vorher gegebene Kommando nun nicht mehr weiter befolgen muss. Achten Sie unbedingt darauf, dieses Ende-Signal immer zu geben, damit der Vierbeiner weiß, wann er wieder aus dem Sitzen oder Liegen aufstehen darf. Wenn Sie Ihrem Hund zum Beispiel beibringen, sich zum An- und Ableinen hinzusetzen, dann halten Sie ihn zunächst noch kurz am Halsband fest, sagen dann in ruhigem Tonfall „Fertig!" und lassen ihn erst dann loslaufen oder gehen mit dem angeleinten Hund weiter. Gerade das Abschnallen der Leine können viele Hunde kaum abwarten, bevor sie losstürmen, und so haben Sie Ihre Fellnase besser im Griff. Auch vor jeder Straßenüberquerung sollten Sie den Vierbeiner an der Bordsteinkante absitzen lassen, und erst Ihr Signal „Fertig!" oder „Und los!" erlaubt ihm dann, aufzustehen und mit Ihnen die Straße zu überqueren.

Unerwünschtes Verhalten unterbrechen

Vor allem am Anfang Ihres Zusammenlebens wird Ihr Hund noch oft Verhalten zeigen, das Sie nicht gut finden – etwa das Tischbein oder den Teppich anknabbern, etwas Unappetitliches fressen, das Blumenbeet umgraben usw. Als Hundebesitzer ist man dann oft geneigt, das Verhalten des Hundes durch ärgerliches Rufen oder wilde Gesten zu unterbrechen. Aber überlegen Sie einmal, ob Ihr Vierbeiner überhaupt wissen kann, dass Sie dieses Verhalten nicht wünschen? Wenn Sie ihn nun ärgerlich ansprechen oder gar verscheuchen, weiß er überhaupt nicht, was er gerade falsch gemacht hat, und wertvolles Vertrauen wird zerstört.

Besser ist es, wenn Sie vorausschauend handeln und unerwünschtes Verhalten verhindern, indem Sie etwa Ihre gepflegten Blumenbeete zunächst mit einem kleinen Zaun vor Ihrem neuen Hund schützen oder die Türe zu dem Zimmer mit dem Tisch oder Teppich schließen, wenn Sie den Hund dort nicht beaufsichtigen können. Erwischen

Sie ihn dennoch dabei, wie er sich am Tischbein zu schaffen macht, lenken Sie seine Aufmerksamkeit sofort auf einen anderen Gegenstand, etwa ein Kauspielzeug, sagen gleichzeitig in normaler Lautstärke, aber brummig-strengem Tonfall das Korrekturwort, z. B. „Pfui", „Schluss!" oder einfach „Ey", und loben ihn in der Sekunde, wo er das Kauspielzeug nimmt, sehr freudig und begeistert mit „Fein!".

Eine sehr gute Übung, um dem Hund die Bedeutung des Korrekturwortes beizubringen, ist folgende:
Sie haben eine ordentliche Menge Leckereien im Vorrat und bieten diese dem Hund abwechselnd mit beiden Händen an, ohne dass er dafür irgendetwas machen muss. Nachdem Sie ihm etwa acht bis zehn Happen ohne Gegenleistung geschenkt haben, sagen Sie in dem Moment, wo er sich wieder der anderen Hand zuwendet, in ruhigem, aber eindeutigem Tonfall einmal das Korrekturwort und verschließen die Hand mit dem Leckerchen. Der Hund wird wahrscheinlich zunächst versuchen, trotzdem daran zu kommen, aber Sie halten den Happen gut verschlossen in der Hand und machen ansonsten nichts. Nun muss der Hund seine Strategie ändern, er wird sich vielleicht hinsetzen, Sie ratlos anschauen oder sich der anderen Hand zuwenden – egal, was er macht, sobald er von der „gesperrten" Hand ablässt, sagen Sie „Fein!" und belohnen ihn mit einem Happen aus der anderen Hand. Achten Sie darauf, dass Ihr Tonfall zwischen „Ey" (streng-brummig) und „Fein!" (freudig-begeistert) deutlich unterschiedlich ist. Nun geben Sie dem Vierbeiner wieder einige Häppchen abwechselnd aus beiden Händen ohne Gegenleistung, bevor dann wieder nach dem Kommando „Ey" die Hand geschlossen wird (achten Sie auch darauf, nicht immer dieselbe Hand zu sperren). Mit zunehmender Sicherheit der Übung (und das erfordert viele Wiederholungen über mehrere Tage!) versuchen Sie dann, nach dem Korrekturwort die Hand mit dem Leckerchen offenzulassen – der Hund wird nun stoppen und den Happen nicht nehmen, dafür wird er sofort mit „Fein!" und einer Belohnung aus der anderen Hand bestätigt. Als weitere Steigerung legen Sie schließlich nacheinander mehrere Häppchen auf den Boden, die der Hund sich nehmen darf, bevor dann mit „Ey!" der nächste Happen verboten wird – aber Achtung, er darf ihn wirklich nicht bekommen! Belohnen Sie ihn zügig aus der Hand. Irgendwann sitzt diese Übung dann so sicher,

dass Ihr braver Vierbeiner auch den leckersten Happen nicht aufnimmt, wenn Sie ihm das mit „Ey!" untersagen, und auf die verdiente Belohnung von Ihnen wartet. Ab jetzt werden Sie mit Ihrem Abbruch-Kommando („Ey!") den Hund wahrscheinlich bei einem unerwünschten Verhalten jederzeit unterbrechen können, um ihn sofort danach für dieses Ablassen zu loben und auch zu belohnen.

Das Kommando zur Unterbrechung unerwünschten Verhaltens soll allerdings nicht ständig und bei jeder Kleinigkeit angewendet werden, denn das führt beim Hund zu Frustration oder Abstumpfung. Es ist immer besser, ein unerwünschtes Verhalten von vornherein zu verhindern oder in erwünschtes Verhalten umzuleiten, und dazu müssen Sie als souveräner Hunde-„Boss" vorausschauend handeln und sich entsprechende Strategien überlegen.

Etwas hergeben

Das Hergeben eines Gegenstandes ist etwas völlig anderes als das eben beschriebene Unterbrechen einer Handlung! So können Sie dem Hund entweder ein Spielzeug wegnehmen oder z. B. auch Unrat, den er unterwegs gefunden hat und nicht fressen soll. Dieses Kommando wird immer neutral oder freundlich ausgesprochen und nicht streng oder brummig, denn der Hund soll es freudig befolgen. Dazu spielen Sie zunächst mit einem Spielzeug (zum Beispiel einem dicken Tau) ein kurzes Spiel mit dem Vierbeiner, oder Sie nehmen eine Kaustange, die nicht zu kurz sein darf, und halten das eine Ende fest, während der Hund auf dem anderen kaut bzw. das andere Ende des Taus festhält. Nun halten Sie ihm mit der anderen Hand ein besonders leckeres Häppchen vor die Nase – um das zu nehmen, muss er natürlich das andere Objekt loslassen, und genau in diesem Moment sagen Sie freundlich das Signal (z. B. „Aus!" oder „Meins!") und geben ihm die Belohnung. Das andere Objekt lassen Sie sofort verschwinden. Solche kleinen „Tauschgeschäfte" bauen Sie nun mehrmals am Tag ein, bis Ihr Hund auf das Kommando brav alles hergibt, was er gerade im Fang hält, um sich die Belohnung abzuholen. Mit der Zeit wird ihm das Kommando so selbstverständlich, dass Sie nicht immer auch etwas zum

Tausch anbieten müssen, sondern ein verbales Lob und ein freudiges Streicheln den gleichen Zweck erfüllen.

Am-Platz-Bleiben

In Alltagssituationen ist es immer wieder notwendig, den Hund vorübergehend an einer Stelle warten zu lassen, während Sie sich von ihm entfernen oder sogar außerhalb seines Sichtfeldes begeben. Zum Beispiel können Sie mit dem Hund zum Bäcker gehen und dort Ihren Einkauf tätigen, während der Hund draußen wartet. Bis er es aber aushält, brav liegenzubleiben, obwohl er Sie nicht mehr sehen kann, müssen Sie viele kurze Trainingseinheiten absolvieren, damit er sicher weiß, dass Sie auch wieder zu ihm zurückkommen.

Die beste Warte-Position ist das Liegen, da der Hund daraus nicht so schnell aufsteht wie aus dem Sitzen. Lassen Sie Ihren Hund also neben sich abliegen, loben ihn und warten einen kurzen Moment. Dann treten Sie mit einer ruhigen Bewegung frontal vor den liegenden Hund, sagen dabei ganz ruhig Ihr Signal, z. B. „Bleib!" und stellen sich dicht vor ihn hin. Bleibt er brav und erwartungsvoll liegen, sagen Sie nach ein paar Sekunden „Fein! Bleib!" und treten zurück neben den Hund. Erst dann lassen Sie ihn wieder in die Sitz-Position kommen und belohnen ihn mit Leckerchen und Lob. Wenn diese Übung gut funktioniert, treten Sie zuerst einen, später dann auch mehrere Schritte rückwärts, wenn Sie vor dem Hund stehen, und erhöhen auch Schritt für Schritt die Zeitspanne, die er so vor Ihnen liegen bleiben muss. In den nächsten Übungsschritten bewegen Sie sich auch seitwärts vom Hund weg, schließlich hinter den Hund, nehmen irgendwann die lange Schleppleine, um die Distanz immer weiter zu vergrößern und auch die Zeit, die er warten soll, zu verlängern. Beendet wird diese Übung immer erst, wenn Sie wieder in der Ausgangsposition neben dem Hund stehen.

Vor allem, wenn Sie schließlich unter immer größerer Ablenkung üben, ist es sinnvoll, den Hund sicherheitshalber an der langen Leine zu halten oder in einem umzäunten Bereich, zum Beispiel im Garten oder der Hundeschule zu arbeiten. Dort können Sie dann auch die ersten Versuche machen, aus dem Blickfeld des Hundes zu verschwinden, indem Sie sich hinter einen Busch oder eine Mauer begeben. Auf jeden Fall müssen Sie Ihren Hund aus der Übung „Bleib!" immer abholen und nicht abrufen, denn er soll ja lernen, immer so lange an einem Platz zu bleiben, bis Sie ihn aus der Übung entlassen. Gehen Sie also zu ihm zurück, treten ruhig neben ihn, lassen ihn sitzen und beenden mit Belohnung, Lob und „Fertig!" die Übung.

An Ihrer Seite laufen

Wenn Sie mit Ihrem Hund unterwegs sind, gibt es immer Situationen, in denen er am besten ganz dicht neben Ihren laufen sollte. Fahrradfahrer, andere Fußgänger, fremde Hunde, spielende Kinder, vorbeifahrende Autos – zum Schutz anderer und des Hundes macht es Sinn, ihn dann sicher neben sich zu haben. Zunächst sollten Sie sich entscheiden, auf welcher Seite Sie den Hund gerne führen möchten. Wenn er die Übung schließlich sicher beherrscht, spricht nichts dagegen, ihm auch noch ein Kommando für die andere Seite beizubringen, sodass Sie ihn situationsbedingt mal nach rechts, mal nach links beordern können.

Beginnen Sie wieder ohne Ablenkung und leinen den Hund an. Wir starten jetzt beispielhaft auf der linken Seite, wo Sie den Vierbeiner sitzen lassen. Nun halten Sie die Leine locker mit der rechten Hand, halten mit der linken ein tolles Leckerchen direkt vor die Hundenase und gehen mit dem Kommando „Fuß!" oder „Links!" langsam los. Ist Ihr Hund noch sehr klein, müssen Sie sich dafür zu ihm hinunterbücken, denn es ist wichtig, dass er den Happen wirklich direkt vor seiner Nase hat. Lassen Sie ihn auch ruhig daran lecken, aber halten Sie den Brocken gut fest. Ihre Hand verhindert das zu weite Vorlaufen des Tieres. Nach ein paar Schritten halten Sie an, lassen den Vierbeiner sitzen und geben ihm mit dem Lobwort „Fein!" das Leckerchen nun ganz.

Wenn Ihr Hund das Laufen dicht an Ihrer Seite begriffen hat, können Sie die Schwierigkeit erhöhen, indem Sie zunächst Kurven laufen oder auch unterwegs wenden, immer mit einem Happen dicht vor der Hundenase. Je besser das klappt, desto mehr Ablenkung fügen Sie hinzu und desto mehr können Sie sich auch aufrichten und die Belohnung schrittweise abbauen, bis es erst am Ende nach erfolgreicher Übung einen Happen aus dem Futterbeutel gibt. Halten Sie als Sichtzeichen Ihre Hand nun flach ausgestreckt an den Oberschenkel, um dem Vierbeiner eine Grenze zu signalisieren. Der Hund sollte zum Abschluss des Bei-Fuß-Gehens immer einmal sitzen, bevor Sie ihn aus der Übung entlassen.

Natürlich soll Ihr Vierbeiner nicht ständig in der Fuß-Position laufen, wenn Sie mit ihm unterwegs sind, denn das wäre für ihn sehr anstrengend und die Gassi-Runde hätte dann keinen Erholungswert für den Hund. An der Leine soll er zwar ordentlich laufen, ohne Sie durch die Gegend zu zerren, aber das konzentrierte Bei-Fuß-Laufen sollte wirklich für Situationen aufgespart werden, in denen es sinnvoll und angebracht ist.

Das Abstoppen

Ein gut erzogener Hund, der die Grundkommandos beherrscht und sich brav zurückrufen lässt, darf dort, wo es erlaubt und möglich ist, gerne auch freilaufend geführt werden. Das natürliche Bewegungsbedürfnis ist abhängig von Rasse und Alter und auch individuell von Hund zu Hund zwar unterschiedlich groß, kann aber durch ausschließliches Führen an der Leine praktisch nie ausreichend befriedigt werden. Jeder Vierbeiner muss auch mal rennen und toben können, um fit und gesund zu bleiben.

Damit Sie auch Ihren freilaufenden Hund in plötzlichen Gefahrensituationen sicher beeinflussen können, sollten Sie mit ihm ein Kommando zum Abstoppen aus der Distanz trainieren. Stellen Sie sich vor, der Hund hat sich freilaufend eine gewisse Strecke von Ihnen entfernt, und plötzlich taucht um eine Kurve herum ein schnell fahrender Fahrradfahrer auf. Würden Sie den Hund zurückrufen, liefe er dem Fahrrad genau in den Weg, also müssen Sie ihn dort sichern, wo er sich gerade befindet. Ein lautes Rufsignal, eventuell auch ein bestimmter Pfiff mit der Hundepfeife soll den Hund an Ort und Stelle in die Sitz- oder Platz-Position bringen.

Dazu muss der Vierbeiner aber bereits etwas reifer sein und die bis hierher besprochenen Grundkommandos gut beherrschen – einen Welpen würde diese Übung noch absolut überfordern. Üben Sie zunächst in ruhiger Umgebung. Der Hund läuft frei und konzentriert sich gerade nicht besonders auf Sie. Dann machen Sie ihn mit spannenden Geräuschen auf sich aufmerksam (rufen Sie ihn nicht mit „Hier!" zu sich, denn das Kommando bedeutet ja, dass er immer bis zu Ihnen hinkommen soll, was Sie aber im Verlauf dieser Übung ja gerade nicht wollen), und wenn er neugierig angelaufen kommt, gibt es ein tolles Häppchen oder ein besonderes Spielzeug bei Ihnen. Danach darf er wieder los, und Sie wiederholen diesen Ablauf noch ein paar Male, jedoch ohne ein bestimmtes Kommando zu geben. Bald ist der Hund schon gespannt und wartet auf das nächste Lock-Geräusch. Wenn er jetzt auf Sie zuläuft, machen Sie sich plötzlich ziemlich groß und lang, heben den Arm mit der Belohnung auffällig nach oben und werfen dann Happen oder Spielzeug im Bogen über den Hund hinweg, immer noch ohne Signal. Der wird erst kurz verdutzt abwarten, sich dann wahrscheinlich umdrehen und die Belohnung aufsammeln. Auch diesen Ablauf wiederholen Sie nun einige Male, und bald wird der Vierbeiner bereits stehenbleiben, sobald Sie den Arm heben und ihn durch Ihre Körpersprache im Lauf hemmen – das ist der Moment, wo Sie laut und deutlich Ihr Signal (z. B. „Stopp!" oder „Halt!") sagen und/oder pfeifen und ihm dann die Belohnung zuwerfen.

Viele Wiederholungen festigen auch diese Übung, bis Sie schließlich nach dem „Stopp!"-Signal direkt noch „Sitz!" oder „Platz!" folgen lassen. Sobald der Hund sich brav hinsetzt oder legt, gehen Sie zügig, aber unaufgeregt zu ihm hin, belohnen ihn mit ausgiebigem Lob und besonderen Leckereien für diese Leistung und entlassen ihn dann aus der Übung. Je mehr Sie diesen Ablauf trainieren, desto sicherer wird Ihr Vierbeiner sich bald schon auf das Stopp-Signal ganz von alleine hinsetzen oder hinlegen und brav am Platz warten, bis Sie ihn aus dieser Position abholen und belohnen. Ist das geschafft, können Sie Ihren Hund in brenzligen Situationen nun sicher dort warten lassen, wo es für ihn ungefährlich ist, bis die Gefahr vorüber ist.

Zusammenfassung Kapitel 9:

Hunde lernen gerne, wenn man entsprechend mit ihnen arbeitet. Die beste und effektivste Art, Ihrem Hund etwas beizubringen, ist die positive Bestärkung des gewünschten Verhaltens durch Belohnung. Strafen dagegen zerstören Vertrauen und sind in der Hundeerziehung eher nicht zielführend. Um dem Vierbeiner nahezubringen, was Sie von ihm erwarten, nutzen Sie klare und eindeutige Signale und Kommandos. Trainieren Sie mit vielen Wiederholungen, absoluter Konsequenz und liebevoller Geduld, dann lernt Ihr Hund, freudig zu gehorchen und wird zu einem wohlerzogenen und verlässlichen Begleiter. Natürlich müssen Sie nun nicht aufhören, mit Ihrem Hund zu arbeiten – die meisten Hunde haben sogar großen Spaß daran, immer wieder etwas Neues zu lernen, denn so wird auch ihr Bedürfnis nach Abwechslung und Beschäftigung bedient.

Vor allem die gemeinsame Zeit mit dem Lieblingsmenschen ist für einen Hund von unschätzbarem Wert, daher stärken positives Training und spielerische Förderung bestimmter Verhaltensweisen die Bindung zwischen Hund und Halter ganz besonders intensiv.

KAPITEL 10: WIE HUNDE SPIELEN

Beschäftigung für Körper und Geist

> *Lebensfreude lässt sich am besten vom Hund lernen.*
> (Nina Sandmann)

Spielen ist eine Verhaltensweise, die nahezu alle höher entwickelten Lebewesen zumindest während ihrer Jugendentwicklung mehr oder weniger stark ausgeprägt zeigen. Vor allem das gemeinsame Spiel mit Wurfgeschwistern, der Mutter oder anderen Artgenossen dient unseren sozial lebenden Hunden bereits in den ersten Lebenswochen dazu, sowohl ihre körperlichen Fähigkeiten auszutesten wie auch Handlungen aus den unterschiedlichsten Verhaltensbereichen einzuüben. Da gibt es Jagdspiele, Zerrspiele, Renn- und Kampfspiele, es wird gestupst, gebellt, geschüttelt und gerungen, auch gefährlich aussehendes Zähnefletschen, Knurren und sogar Beißen gehören beim Spiel zwischen Welpen dazu. Die berühmte Beißhemmung, also die abgeschwächte Intensität, mit der ein gut sozialisierter Hund seine Zähne einsetzt, entwickelt sich erst im gemeinsamen Spiel, wenn nämlich der zu heftig gebissene Wurfbruder entweder vor Schmerz aufschreit, das Spiel abbricht oder auch genauso schmerzhaft zurückbeißt. Dieses spielerische Einüben sozialer Verhaltensweisen können wir Menschen uns im Zusammenleben mit Hunden zunutze machen, indem wir ihnen ebenso spielerisch viele Dinge beibringen. Für die soziale Entwicklung eines Welpen ist es sogar sehr wichtig, dass sein Mensch mit ihm spielt und darüber die Bindung stärkt und das Sozialgefüge innerhalb des Mensch-Hund-Rudels festigt. Dabei sollten sowohl Sie als „Boss" Ihren Hund zum Spielen auffordern als auch sich von ihm durch typische Spielgesten wie etwa die Vorderkörper-Tiefstellung auffordern lassen. Achten Sie aber darauf, dass möglichst immer Sie ein Spiel auch wieder beenden und auf die Spiel-Aufforderung des Hundes nur eingehen, wenn Sie es möchten.

So lernt der Vierbeiner spielerisch, Ihre soziale Überlegenheit zu akzeptieren, und ein gemeinsames Spiel mit dem Menschen wird für ihn zu etwas ganz Besonderem. Gespielt wird nach klaren Regeln, und natürlich erlauben Sie Ihrem Vierbeiner im Spiel nichts, was er sonst auch nicht darf.

Spielregeln zwischen Hund und Mensch:

- Der Mensch bestimmt, ob, wann und womit gespielt wird und auch, wann das Spiel wieder beendet wird.
- Besonders begehrte Spielzeuge verwaltet der Mensch, um sie gezielt auch im Training zur Motivation einzusetzen.
- Verletzungsgefahren für Hund und Mensch müssen ausgeschlossen sein (hundegerechtes Spielzeug, rutschfester Untergrund, ungefährliche Umgebung usw.).
- Der Hund wird zu nichts gezwungen, nicht erschreckt oder geängstigt.
- Kampf- und Zerrspiele gewinnt möglichst immer der Mensch, besonders bei sehr selbstbewussten Hunden; unsichere und sehr ängstliche Hunde kann man zur Stärkung der Sicherheit auch ab und zu gewinnen lassen.
- Vor allem Kinder sollen sich im Spiel mit dem Hund nicht jagen oder fangen lassen, sondern besser den jagenden Spielpartner darstellen.
- Wechseln Sie möglichst häufig den Spielablauf oder auch die Spielumgebung, um Routine und Langeweile vorzubeugen.
- Fährt der Hund beim Spiel zu sehr hoch oder beginnt sogar zu beißen, beenden Sie sofort die Aktion und packen alle Spielsachen weg. Warten Sie eine Weile, bevor Sie ihn erneut zu einem ruhigen Spiel animieren.

Vor allem Welpen und Junghunde sollten auch häufiger die Möglichkeit bekommen, mit Artgenossen zu spielen. Eine Welpen-Spielgruppe, wie sie von den meisten professionellen Hundeschulen angeboten werden, bietet hier ein gutes Forum, da neben dem gemeinsamen Spiel der Welpen unter fachkundiger Anleitung und in einem umgrenzten Gelände auch Umwelterfahrungen und die ersten Grundkommandos in spielerischer Form eingeübt werden.

Eine solche Gruppe sollte aus etwa fünf bis sechs ungefähr gleichaltrigen Welpen unterschiedlicher Rassen zusammengestellt werden.

Aber auch alleine können Hunde spielen, etwa mit entsprechenden hundegerechten Spielsachen wie Bällen oder Quietschtieren. Ein wildes Im-Kreis-Drehen, zum Teil sogar mit Beißen in den eigenen Schwanz ist ein typisches Solitärspiel, das Hunde zeigen. All das dient nicht nur der Bespaßung, sondern der Einübung schneller Reaktionen und Bewegungsabläufe. Während die Bereitschaft zum Spielen bei manchen Hunden mit zunehmendem Alter nachlässt, lassen sich andere auch im hohen Alter noch gerne zu einem Spiel motivieren. In der Erziehung können wir das ausnutzen und manche unerwünschten Verhaltensweisen, wie etwa das Jagen, frühzeitig auf spielerische Verhaltensweisen umlenken, etwa auf Apportierspiele mit Ball oder Wurfscheibe. Tatsächlich scheint es einen Zusammenhang zu geben zwischen der Häufigkeit und Intensität, mit der ein Welpe und Junghund spielt, und seiner späteren Motivationsfähigkeit im Training oder im Hundesport.

Da heutzutage die meisten Hunde kaum noch eine wirkliche Aufgabe haben, obwohl viele Hunderassen ursprünglich für zum Teil sehr spezielle Einsatzgebiete (Jagd, Schutz, Hüten und Treiben) gezüchtet wurden, kommt der spielerisch-sportlichen Aktivität und Beschäftigung unserer Vierbeiner eine immer wichtigere Bedeutung zu. Ein großer Teil der Probleme, die durch die Hundehaltung leider immer wieder entstehen, ließe sich durch körperliche Auslastung bei gleichzeitiger mentaler Förderung von Hunden ihrer Art und Rasse entsprechend verhindern. Ein energiegeladener Border Collie beispielsweise, der in einer Etagenwohnung gehalten und dreimal täglich für 15 Minuten an der Leine um den Häuserblock geführt wird, kann kaum anders, als sich ein anderes Ventil für seine Energien zu suchen – entweder zerlegt er die Wohnungseinrichtung, bellt stundenlang oder wird gar aggressiv. Aber auch Hunderassen mit geringerem Energielevel brauchen Bewegung und intelligente Beschäftigung, um nicht vor Langeweile zu verkümmern. Eine kleine Auswahl an Spiel- und Sportmöglichkeiten für Hunde und mit Hunden soll Ihnen hier eine Anregung geben.

10.1. HUNDESPIELE FÜR ZU HAUSE UND UNTERWEGS

Suchspiele:

- Lassen Sie Ihren Hund ein Spielzeug oder ein Leckerchen, das Sie versteckt haben, suchen.
- Legen Sie mit einem bestimmten Gegenstand oder mit mehreren Happen eine Fährte, der Ihr Hund mit der Nase folgen soll.
- Füllen Sie eine Kiste oder einen großen Karton mit Korken, Kastanien o. ä. und verstecken darin Spielzeuge oder Leckerchen, die Ihr Hund suchen soll.

Beutespiele:

- Spielen Sie Zerrspiele mit einem dicken, geknoteten Tau oder einem alten Handtuch.
- Wurfspiele mit Ball oder Frisbee-Scheibe sind vor allem für Jagdhunde und Hütehunde spannend (Achtung: Der Hund muss auf Ihr Kommando warten, bevor er losrennen darf).
- Apportierspiele mit Futterdummy für Hunde, die sonst das Spielzeug nicht zurückbringen oder abgeben wollen (die Belohnung aus dem Dummy gibt es nur beim Menschen!).
- Wasserfreudige Hunde holen auch schwimmfähige Spielzeuge aus Bächen, Seen oder dem Meer (Achtung: Sicherheit geht immer vor, Strömungen beachten!).

Bewegungsspiele:

- Bauen Sie einen Hindernisparcours in Ihrem Garten auf (Schwierigkeitsgrad muss den Möglichkeiten des Hundes angepasst sein!).

- Beim Spaziergang suchen Sie natürliche Hindernisse wie kleine Mauern, querliegende Baumstämme oder schmale Bachläufe, die übersprungen werden können.
- Laufen Sie mit dem Hund bei Fuß über niedrige Hürden oder durch einen Slalom.

Geschicklichkeitsspiele:
- Lassen Sie den Hund über eine Rampe oder einen Baumstamm balancieren.
- Der Hund soll durch einen Tunnel laufen.
- Der Hund soll auf Signal entweder über oder unter einer Hürde hindurchkommen.

Intelligenzspiele:
- Verstecken Sie ein Leckerchen unter einem umgedrehten Eimer oder Pappbecher und lassen den Hund überlegen, wie er daran kommt.
- Legen Sie einige Happen in einen Eierkarton, der Hund muss herausfinden, wie er diesen öffnen kann.
- Nehmen Sie ein altes Muffin-Backblech, packen in einige Vertiefungen Belohnungshappen und verschließen alle Mulden mit je einem Ball (Tennisballgröße, aber besser spezielle Hundebälle, da echte Tennisbälle schlecht für die Hundezähne sind).

Achtung: Wenn Sie dem Hund beibringen, z. B. Schränke, Schubladen oder Türen zu öffnen, macht er das unter Umständen auch dort, wo Sie es eigentlich nicht möchten!

Kunststücke bzw. Tricks:
- Bringen Sie dem Hund bei, auf Kommando entweder die rechte oder die linke Pfote zu geben.
- Lassen Sie den Hund einen kleinen Korb tragen oder die Zeitung bringen.
- Lehren Sie den Hund, durch einen Reifen oder durch Ihre zusammengehaltenen Arme zu springen.

Die Möglichkeiten, mit dem Hund zu spielen, sind nahezu unendlich – seien Sie kreativ, und richten Sie sich vor allem auch nach den individuellen Möglichkeiten und Vorlieben Ihres Vierbeiners.

10.2. HUNDE-SPORTARTEN

(Ausrichter sind meist Hundeschulen und Vereine)

Agility:

Hund und Halter erkunden gemeinsam einen Hindernis-Parcours mit Hürden, Tunnels, Wippen, Schrägwänden und anderen Barrieren, den der Hund schließlich alleine und nur mit verbaler Anweisung seines Halters möglichst schnell und fehlerfrei durchlaufen soll. Geeignet vor allem für sehr aktive, bewegungsfreudige Hunde, die besonders lernbereit sind und eng mit ihrem Menschen kooperieren.

Degility:

Hier wird ähnlich wie beim Agility ein Parcours durchlaufen, aber Hund und Mensch machen das zusammen und ganz nach eigenem Tempo, also ohne Zeitvorgabe oder Erfolgsdruck. Geeignet für alle Hunde, die keinen extrem hohen Bewegungsdrang haben, und zur Bindungsfestigung zwischen Hund und Halter.

Dog Dancing:

Bei dieser aus den USA stammenden Sportart führen Hund und Mensch nach einer eigenen Choreografie und zu Musik bestimmte Kunststücke vor, etwa das Slalomlaufen durch die Beine des Menschen oder den Sprung durch die ringförmig geschlossenen Arme. Wichtig ist auch hier eine gute Vertrauensbasis und Spaß am gemeinsamen Lernen.

Flyball:

Bei diesem Mannschaftssport treten Hund-Mensch-Teams gegeneinander an; ein Team besteht aus vier bis sechs Hunden und ihren Haltern; der erste Hund des Teams überwindet mehrere Hürden, erreicht eine Flyball-Maschine, die er per Pfotendruck auslöst, fängt den daraus geschleuderten Ball, läuft mit diesem über die Hürden zurück ins Ziel, erst dann darf der nächste Hund des Teams starten. Es gewinnt das Team, das als Erstes alle Hunde und Bälle wieder im Ziel hat. Geeignet vor allem für bewegungsaktive, schnelle Hunde, die Spaß am Lernen und Apportieren haben.

Mantrailing:

Der Hund folgt einer künstlich angelegten menschlichen Duft-Spur und soll so den versteckten Menschen aufspüren. Besonders geeignet für Jagdhunde, die für die Arbeit auf einer Fährte gezüchtet wurden, also Schweißhunde, Bloodhounds, Harrier, aber auch Retriever oder manche Schäferhunde lassen sich dafür begeistern. Mantrailer-Hunde werden nicht nur im Hundesport, sondern auch bei Polizei und Zoll als Diensthunde ausgebildet und eingesetzt.

Obedience:

Bei diesem Sport durchlaufen Hund und Halter gemeinsam die Übungen, die ihnen vorher nicht bekannt sind, sondern von einem Ringsteward in Form von genauen Anweisungen aktuell vorgegeben werden; der Hund muss die vom Halter an ihn gegebenen Kommandos dann so schnell und so exakt wie möglich ausführen. Geeignet für alle Hunde, Voraussetzung ist eine sehr gute Grundausbildung, Wesensfestigkeit und Sozialverträglichkeit und die sichere Durchführung aller gelernten Kommandos.

Rettungshunde-Sport:

Im Gegensatz zur professionellen Rettungshunde-Ausbildung für den Einsatz etwa in Katastrophengebieten geht es hier darum, als gut eingespieltes Mensch-Hund-Gespann eine Person zu suchen und zu finden. Dabei kommt es auf perfekte Zusammenarbeit zwischen Halter und Hund an und auf einen sehr guten Grundgehorsam. Gearbeitet wird beispielsweise auf der Fläche, im Wald, zwischen Trümmern oder auch am und im Wasser. Geeignet für aktive Hunde mit guten Spüreigenschaften, relativ anspruchsvoll.

Zug- oder Schlittenhunde-Sport:

Mehrere (mindestens zwei) Hunde werden vor einen speziellen Wagen oder Schlitten gespannt und müssen mit ihrem Halter vorgegebene Strecken zurücklegen. Geeignet eher für erfahrene und Mehrhundebesitzer und Hunde, die groß und kräftig genug für die Zugarbeit sind.

Es gibt zahlreiche weitere Sportmöglichkeiten für aktive Hund-Halter-Gespanne. Erkundigen Sie sich einfach bei Hundeschulen, Hundevereinen oder auch den örtlichen Tierschutzvereinen in Ihrer Gegend, welche Angebote es vor Ort gibt. Lassen Sie sich beraten, ob eine Sportart für Ihren Vierbeiner gut geeignet ist oder ob es bessere Alternativen gibt.

10.3. HUND UND PFERD, FAHRRAD, JOGGEN

Eine weitere Möglichkeit, um ihrem Hund Auslauf zu verschaffen, sehen viele Hundehalter darin, den Vierbeiner am Pferd oder Fahrrad mitlaufen zu lassen oder ihre Jogging-Runden in Begleitung des Hundes zu drehen. Der Grundgedanke ist sicher richtig, denn ein Mensch zu Fuß und mit normaler Gehgeschwindigkeit kann einen aktiven, bewegungsfreudigen Hund an der Leine kaum jemals richtig auspowern. Allerdings bedarf es dazu einiger Grundüberlegungen, um sicherzustellen, dass diese Art der Bewegung für den Hund auch wirklich einen Vorteil bietet, denn das bloße Mitlaufen in gleichbleibender, vielleicht hoher Geschwindigkeit fordert den Hund zwar körperlich extrem, geistig aber gar nicht:

- Stellen Sie sicher, dass Ihr Hund körperlich fit und gesund genug ist, um mitzulaufen.
- Berücksichtigen Sie die aktuellen Witterungsverhältnisse – bei hohen Temperaturen sind solche körperlichen Anstrengungen tabu.
- Passen Sie Ihre Geschwindigkeit immer an die Möglichkeiten Ihres Hundes an, nicht umgekehrt.
- Bestenfalls lassen Sie den Hund frei mitlaufen, damit er das Tempo bestimmen kann.
- Muss der Hund angeleint bleiben, achten Sie um so mehr auf seine Geschwindigkeit und die Sicherheit.
- Legen Sie ausreichend Pausen ein, damit der Hund schnuppern, sich lösen oder auch kurz verschnaufen kann.
- Achten Sie darauf, dass der Untergrund die Hundepfoten nicht schädigt (bloßes Asphalt-Laufen führt schnell zu wunden Ballen).
- Speziell für Fahrräder gibt es Anhänger extra für Hunde, in denen der Vierbeiner entspannt mitfahren kann, wenn eine besonders große Rundfahrt geplant ist, um sich zwischendurch zu erholen. Gewöhnen Sie Ihren Hund daran, es sich im Anhänger bequem zu machen.
- Sorgen Sie immer dafür, dass Ihr Hund zwischendurch Wasser trinken kann.

Wollen Sie Ihrem Hund auf die genannte Art Bewegung verschaffen, dann machen Sie sich einfach zur Regel: Immer wenn der Hund mitläuft, ist das seine Runde und es geht um seine Bedürfnisse! Wollen Sie für sich selber ein anderes Tempo oder eine andere Strecke reiten, fahren oder laufen, dann drehen Sie eine weitere Runde ohne den Hund.

Zusammenfassung Kapitel 10:

Spielen ist für Hunde sehr wichtig, da hier viele körperliche Fähigkeiten und unterschiedliche Verhaltensabläufe geübt werden können. Gemeinsames Spiel fördert die Bindung zwischen Hund und Halter und erleichtert die Erziehungsarbeit. Für viele Hunde ist Spiel oder spielerischer Sport eine sehr gute Beschäftigungs- und Bewegungsmöglichkeit, da zahlreiche Probleme in der Hundehaltung durch mangelnde körperliche und geistige Auslastung der zum Teil sehr spezialisierten Hunde entstehen. Das Mitlaufen eines Hundes am Fahrrad oder beim Joggen ist nur bedingt geeignet als artgerechte Beschäftigung.

KAPITEL 11: WAS TUN, WENN ...?

Probleme angehen und lösen

> *Es ist immer der Mensch, der den Hund nicht versteht. Nie umgekehrt!*
> (Stefan Wittlin)

Selbst in den besten Beziehungen läuft nicht immer alles zu 100 % rund und glatt – und so wird es im Zusammenleben mit Ihrem Vierbeiner auch Momente und Situationen geben, wo Sie unzufrieden sind, verzweifeln möchten oder sogar wütend werden. Plötzlich klappt eine Übung nicht mehr, der Hund scheint alles vergessen zu haben oder verweigert den Gehorsam, macht dummes Zeug oder sogar Schlimmeres – und schwupp, da ist das erste Problem! Das beste SOS-Programm in solchen Fällen ist dann meist ein tiefes Durchatmen, um Spannung abzubauen und zur Ruhe zu kommen, und eine sorgfältige Analyse der Situation und der möglichen Gründe, die dahin geführt haben.

> *Manche Lösungen zeigen sich erst dann, wenn wir unser Problem aus einer anderen Perspektive betrachten.*

Versuchen Sie also einfach einmal, sich in die Position Ihres Hundes zu versetzen, und stellen sich folgende Fragen:

- Kennt er diese Regel bereits?
- Kennt er diese Übung bereits?
- Kennt er das Kommando?

- Hat er bislang die Regel akzeptiert?
- Hat er zuvor die Übung richtig durchgeführt?
- Hat er vorher das Kommando befolgt?
- Was ist heute anders? Haben sich Bedingungen geändert? Habe ich etwas verändert? Bin ich heute nicht so bei der Sache wie sonst?
- Ist das Tempo im Übungsablauf für meinen Hund zu schnell (Überforderung) oder zu langsam (Unterforderung, Langeweile)?
- Ist mein Hund körperlich überhaupt in der Lage, das Kommando auszuführen? Geht es ihm gut?
- Habe ich ihm Alternativen anzubieten, wie es anders gehen könnte?
- War und bin ich wirklich immer konsequent, oder stört mich an anderen Tagen sein jetziges Verhalten gar nicht und lasse ich es durchgehen?

Zugegeben, nicht immer ist es so einfach, die Lösung von selber zu finden. Manche Probleme zwischen Hunden und Menschen scheinen schnell unüberwindlich, und leider wird dann häufig die Abgabe des Hundes als einzige Möglichkeit gesehen. Vor allem, wenn es der erste eigene Hund ist, fühlen sich manche Halter bald machtlos und erklären das „Projekt Hund" als gescheitert. Dabei gibt es mittlerweile so viele wirklich kompetente und erfahrene Fachleute, die genau solchen Hund-Halter-Teams professionell helfen können – scheuen Sie sich nicht und nehmen Sie diese Hilfe in Anspruch (Adressen im Anhang)! Denn für Ihren Hund ist es wirklich die schlimmste aller Strafen, aus der Sicherheit und Geborgenheit seines Zuhauses verbannt und von seinen menschlichen Sozialpartnern getrennt zu werden. Und auch für eine Familie, vor allem für Kinder ist es ein tragischer emotionaler Verlust, den lang ersehnten Vierbeiner wieder hergeben zu müssen.

Im Folgenden finden Sie einige klassische Verhaltensweisen von Hunden, die uns Menschen oft nicht gefallen, und Ansätze, wie Sie dagegen vorgehen können.

11.1. DER WELPE BZW. HUND WIRD NICHT STUBENREIN

Passiert Ihrem Welpen noch ab und zu ein Missgeschick in der Wohnung, ist das normal und kein Grund zur Panik. Achten Sie sehr genau auf die Anzeichen (Unruhe, Nase am Boden, Winseln) und bringen Sie ihn konsequent sofort nach draußen, wenn er unruhig wird, gefressen oder geschlafen hat. Loben Sie ihn, wenn er brav draußen sein Geschäft macht.

Manche Hunde sind draußen entweder zu abgelenkt oder zu ängstlich – gehen Sie regelmäßig immer an dieselbe Stelle, halten den Hund an der Leine, lassen ihn nur im begrenzten Radius schnuppern und verhalten sich selber möglichst uninteressiert. Macht er was, loben Sie ihn dafür ausgiebig und lassen ihn danach noch eine Weile schnuppern und erkunden, wenn er will, damit er nicht das Gefühl hat, er verpasst etwas. Auch gespielt wird immer erst nach erfolgreichem Geschäft, sonst wird Ihr Vierbeiner Sie dauernd animieren, mit ihm nach draußen zu gehen.

11.2. DER WELPE BZW. HUND SPIELT SEHR WILD, BEISST IN HÄNDE UND FÜSSE

Im gemeinsamen Spiel mit Geschwistern und der Mutter lernt ein Welpe, wann er zu heftig zugepackt hat, denn dann wird zurückgebissen oder das Spiel beendet. Auch für das Spiel mit seinen Menschen muss der Hund Regeln lernen. Wird er zu wild und zwickt oder beißt, beenden Sie das Spiel sofort, packen alle Spielsachen weg und ignorieren seine Aufforderungen. Erst wenn sich der Welpe beruhigt hat, animieren Sie ihn zu einem neuen Spiel. Und passen Sie auch selber auf, nicht zu wild zu spielen, damit er sich nicht zu sehr hineinsteigert.

11.3. DER WELPE BZW. HUND WILL NICHT ALLEINE BLEIBEN

Der Hund muss lernen, dass er nicht immer und überall dabei sein kann. Dazu müssen Sie ihn langsam und schrittweise an das Alleinebleiben gewöhnen (siehe Kapitel 8.6.). Überlegen Sie einmal, ob Sie und Ihre Familie dem Vierbeiner bisher permanent Ihre Aufmerksamkeit geschenkt haben – dann wird es für ihn schwierig, zu verstehen, warum das jetzt nicht mehr so sein soll. Nutzen Sie ab jetzt die Phasen, nachdem Sie mit ihm draußen waren oder gespielt haben und er schon etwas müde ist, sperren ihn dann in den Welpenlaufstall oder die Hundebox, setzen sich in Sichtweite und lesen zum Beispiel die Zeitung. Wenn er nun jammert, ignorieren sie ihn. Erst wenn er eine Weile ruhig ist, lassen Sie ihn ohne Kommentar wieder aus der Box. So steigern Sie langsam die Zeit und den Schwierigkeitsgrad, indem Sie sich schließlich auch aus dem Zimmer und später sogar aus der Wohnung entfernen.

Manchen Hunden hilft Routine: Immer, wenn der Hund mitkommen darf, ziehen Sie dieselbe Jacke an, wenn nicht, eine andere. Verhalten Sie sich sowohl vor dem Verlassen als auch beim Betreten der Wohnung so unspektakulär und normal wie möglich, dann wird es für den Hund schließlich ganz normal werden, auf Sie zu warten.

Verschließen Sie alle Zimmer, wo er nicht alleine hinein soll oder Unfug anrichten könnte.

11.4. DER WELPE BZW. HUND HAT ANGST VOR BESTIMMTEN GERÄUSCHEN (GEWITTER, FEUERWERK USW.)

Laute, plötzliche Geräusche wie Gewitterdonner, ein Düsenjet, der die Schallmauer durchbricht, oder auch Schüsse verunsichern selbst Hunde, die ansonsten eher entspannt und selbstsicher sind. Bei einem Feuerwerk kommen noch die grellen Pfeif- und Zischgeräusche der Raketen hinzu. Sie können versuchen, Ihren Hund langsam und schrittweise an solche Geräusche zu gewöhnen, indem Sie ihm diese zunächst leise vorspielen (es gibt Soundeffekte auf CDs und zum Download), während er frisst, und dann die Lautstärke von Tag zu Tag etwas steigern. Im Fall eines echten Gewitters oder Feuerwerks verhalten Sie sich ganz normal, versuchen Sie, den Hund zu einem Spiel zu animieren oder füttern ihn ebenfalls, während es donnert und kracht.

Zeigt er sehr große Angst, dann lassen Sie ihn am besten in einen Raum, wo er sich einigermaßen sicher fühlt (manche Hunde kriechen unter das Bett, den Tisch, den Schreibtisch) und ignorieren ihn ansonsten. Keinesfalls sollten Sie sich jetzt besonders besorgt um den Hund kümmern, denn Ihr eigenes Verhalten würde ihn nur in seiner Angst bestärken. Am Silvester-Abend zum Beispiel gehen Sie frühzeitig die letzte Gassirunde und lassen den Hund dann in einem Raum, der möglichst abgewandt zum Lärm liegt, machen vielleicht etwas lautere Musik an und schließen Rollladen oder Fensterläden. Für ganz schwere Fälle gibt es beim Tierarzt spezielle Beruhigungsmedikamente, die dem Hund vor solchen Stress-Situationen verabreicht werden können.

11.5. DER WELPE BZW. HUND FRISST UNTERWEGS ALLES, WAS ER FINDET

Bei Welpen ist es noch normal, wenn sie versuchen, alles erst einmal „in den Mund" zu nehmen, wie kleine Kinder auch. Üben Sie, wie in Kapitel 9.4. beschrieben, unerwünschtes Verhalten zu beenden bzw. dem Hund beizubringen, etwas herzugeben. Dann können Sie ihn bald auch unterwegs davon abhalten, Unrat überhaupt aufzunehmen, oder ihm Dinge im Tausch gegen ein Leckerchen wieder abnehmen. Befürchten Sie, dass Ihr Vierbeiner etwas Ungesundes oder gar einen Giftköder gefressen hat, dann sichern Sie nach Möglichkeit eine Probe davon und fahren zum Tierarzt.

11.6. DER WELPE BZW. HUND SPRINGT JEDEN AN

Dieses Verhalten sollten Sie konsequent ignorieren, wie in Kapitel 9.3. beschrieben. Hat der Hund mit seinem Anspringen keinerlei Erfolg, wird nicht beachtet oder gar belohnt, dann wird er es von selbst lassen. Sie müssen aber sicherstellen, dass wirklich alle Menschen, denen Sie begegnen oder die mit dem Hund umgehen, sich genauso konsequent verhalten. Gerade bei kleinen, niedlichen Hunden finden viele Menschen es nicht schlimm, angesprungen zu werden, und streicheln den Hund oder geben ihm sogar ein Leckerchen – das müssen Sie unbedingt verhindern. Rufen Sie also Ihren Vierbeiner immer zu sich, wenn Ihnen fremde Leute begegnen, und bitten Sie diese, den Hund nur zu streicheln, wenn er sich brav hinsetzt. Schlimmstenfalls muss der Hund sonst an der Leine laufen, bis er das richtige Verhalten gelernt hat.

11.7. DER WELPE BZW. HUND KNURRT AM FUTTERNAPF

Grundsätzlich muss Ihr Hund es sich gefallen lassen, dass Sie als sein Boss ihm jederzeit Dinge wegnehmen dürfen, sei es ein Spielzeug, eine Kaustange oder sein Futternapf. Dazu muss er Sie aber als ranghöher akzeptieren lernen, und das klappt nur, wenn Sie wirklich in jeder Situation souverän und selbstsicher auftreten und vor allem konsequent Regeln aufstellen und durchsetzen. Wenn Sie dem Hund etwas verbieten, dann ist es immer verboten und nicht nur manchmal – anders herum dürfen Sie nicht plötzlich grundlos etwas verbieten, was der Hund bisher immer durfte. Und niemand darf den Hund zum Spaß ärgern, indem ihm Spielsachen oder das Futter weggenommen werden. Wichtig ist auch, dass Ihr Hund eine enge Bindung zu Ihnen und Ihrer Familie aufbauen kann und sich in Ihrer Gesellschaft sicher fühlt.

Wenn Sie den Futternapf an den Hunde-Fressplatz stellen, können Sie noch einen besonders leckeren Happen dazulegen, während der Hund schon frisst – so lernt er, dass es sich lohnt, Sie an sein Futter zu lassen. Mit der Zeit nehmen Sie dann den Napf zunächst hoch, legen etwas dazu und stellen ihn wieder vor dem Hund ab. Verhält er sich aber sehr aggressiv und will das Futter verteidigen, dann füttern Sie ihn konsequent nur noch direkt aus Ihrer Hand. Die komplette Tagesration wird ihm nicht mehr im Napf serviert, sondern über den Tag verteilt innerhalb der Wohnung und draußen unterwegs nur als Belohnung für gutes Benehmen gegeben. Trainieren Sie sehr viele kurze Übungsabläufe, und nur bei exakter Ausführung der Kommandos gibt es Lob und Futter. Das machen Sie so lange, bis sich Ihre Position dem Hund gegenüber wieder gefestigt hat und er friedlich das Futter wieder aus dem Napf nimmt.

Dreht sich die Aggression des Hundes um ein bestimmtes Spielzeug, so wird dieses konsequent von Ihnen verwaltet, und der Hund bekommt es nur ab und zu für besondere Leistungen zur Verfügung gestellt, bestenfalls in Verbindung mit einem gemeinsamen Spiel. So zeigen Sie Ihrem Vierbeiner auf positive Art, wer von Ihnen beiden mehr zu sagen hat.

Vorsicht ist geboten, wenn kleinere Kinder zu Ihrem Haushalt gehören. Vor allem, wenn Sie einen bereits ausgewachsenen Hund übernommen haben, muss dieser uneingeschränkt alle Familienmitglieder respektieren lernen. Andererseits dürfen die Kinder den Hund weder bedrängen noch ärgern oder stören, und sowohl der Ruheplatz als auch die Futternäpfe sollten für die Kinder tabu sein. Kinder müssen durch die Erwachsenen angeleitet werden, wie sie sich dem Hund gegenüber richtig verhalten sollen. Sind Sie unsicher, ob Sie es alleine schaffen, Hund und Kinder sicher durch die Eingewöhnungsphase zu bringen, dann scheuen Sie sich nicht, rechtzeitig professionelle Hilfe in Anspruch zu nehmen!

11.8. DER WELPE BZW. HUND HÖRT ÜBERHAUPT NICHT

Verweigert ein Hund jegliche Mitarbeit beim Einüben der Grundkommandos, dann sollte zunächst sein allgemeiner Gesundheitszustand einmal überprüft werden – die nahe liegende Frage ist, ob der Hund überhaupt hören KANN? Wie in Kapitel 6.8. ausgeführt, können bei manchen Erbkrankheiten schwere Störungen wie zum Beispiel Taubheit oder Blindheit bei Hunden auftreten. Ein solchermaßen gehandicapter Vierbeiner ist nicht ungezogen, er kann schlicht und ergreifend die normalen Kommandos gar nicht wahrnehmen. Wird eine körperliche Einschränkung festgestellt, müssen selbstverständlich andere Formen der Kommunikation mit dem Hund eingesetzt werden.

Ist aber physisch alles in Ordnung, geht es zunächst wieder darum, ob der Hund seinen Menschen als souveränen Boss akzeptieren kann. Gehört Ihr Vierbeiner zu der Sorte „super-selbstsicherer Draufgänger", dann kann es hilfreich sein, wenn Sie sich zumindest in den ersten Monaten des Zusammenlebens und bis zur Ausbildung einer stabilen Rollenverteilung im Hund-Mensch-Rudel professionell unterstützen lassen. Wenn es Ihr erster Hund ist, dann lassen Sie sich noch ein paar Tipps und Kniffe zeigen, wie Sie Ihre Position dem Hund gegenüber auf eine solide und belastbare Basis stellen können. Sonst befinden Sie und Ihr Vierbeiner sich schnell in einer Spirale aus

Frustration, Mutlosigkeit und Missverständnissen, die sich irgendwann kaum noch zurückschrauben lässt.

11.9. DER WELPE BZW. HUND BELLT ALLES UND JEDEN AN

Grundsätzlich ist es normal, wenn ein Hund sein Territorium verteidigt und fremde Eindringlinge verscheuchen will. Wie in Kapitel 4.1. ausgeführt, ist der Wach- und Schutzinstinkt bei manchen Hunderassen stärker ausgeprägt als bei anderen. Haben Sie Ihren Hund auch deshalb angeschafft, weil Sie einen Wachhund haben wollten, dann ist das Bellen eine Eigenart, die nicht komplett unterbunden werden sollte. Allerdings führt lautes und anhaltendes Hundegebell unter den hierzulande meist üblichen Wohnverhältnissen schnell zu Problemen mit der Nachbarschaft oder gar dem Ordnungsamt und sollte daher zumindest in geregelte Bahnen gelenkt werden. Üben Sie frühzeitig, Ihren Hund sicher zurückrufen zu können, auch wenn er seine Wachaufgabe sehr ernst nimmt. Merkt Ihr Vierbeiner, dass Sie die Situation überblicken und im Griff haben, dann kann er nach kurzem Anschlagen die Verantwortung an Sie abgeben und ist ruhig.

Allerdings bellen viele Hunde auch aus reiner Langeweile und Unterbeschäftigung. Vor allem, wenn dem Hund statt regelmäßiger Spaziergänge in unterschiedlicher Umgebung und mit zusätzlicher Beschäftigung ausschließlich der eigene Garten zur Verfügung steht, um an die frische Luft zu kommen und sich zu lösen, ist Wache schieben am Gartenzaun eine beliebte Abwechslung. Ein aktiver Hund, der täglich von seinem Menschen ausreichend bewegt und auch mental gefordert wird, ist ausgepowert und zufrieden und muss seine Energien nicht auf diese sinnlose Weise loswerden.

11.10. DER WELPE BZW. HUND JAGT JOGGER, FAHRRÄDER, AUTOS ODER ANDERE TIERE

Genau wie der Wach- und Schutztrieb ist auch das Jagen von sich schnell bewegenden Gegenständen, Tieren oder Menschen ein angeborenes und natürliches Verhalten, das je nach Rasse und individuellem Temperament eines Hundes mehr oder weniger stark ausgeprägt ist. Wölfe jagen, um zu überleben, und die meisten unserer heutigen Hunderassen wurden ursprünglich ausschließlich oder neben weiteren Aufgaben auch als Helfer bei der Jagd von uns Menschen eingesetzt. Hütehunde zeigen im Prinzip Auszüge aus dem Bereich des Jagdverhaltens, wenn sie ihre Herde beisammen halten, und selbst Pudel wurden ursprünglich für die Wasserjagd gezüchtet – sehr viele Hunde haben also einen nicht zu unterschätzenden Jagdtrieb, der frühzeitig durch erzieherische Maßnahmen in geregelte Bahnen gelenkt werden sollte.

Die große Schwierigkeit beim Jagen ist, dass es sich für den Hund um ein selbstbelohnendes Verhalten handelt, da ihm alleine das Hinterher-Rennen schon eine Befriedigung verschafft. Gesteigert wird die Belohnung natürlich noch, wenn er seine „Beute" auch tatsächlich erreicht, was aber natürlich außer bei explizit jagdlich geführten Hunden praktisch immer problematisch ist. Meist lässt sich bereits beim Welpen eine gewisse Jagdleidenschaft erkennen, wenn er zum Beispiel wehenden Blättern nachläuft oder Nachbars Hühner gespannt beobachtet. Am besten steuern Sie einem solchen Verhalten von Anfang an konsequent entgegen und lenken stattdessen die Interessen Ihres Hundes auf Ersatzobjekte, denen er kontrolliert und im Rahmen der Erziehung hinterherjagen darf. Für solche Hunde eignet sich zum Beispiel intensives Apportiertraining mit geeigneten Gegenständen wie Ball, Frisbee oder Futter-Dummy. Absolut unerlässlich ist es, mit einem jagdinteressierten Hund wirklich konsequent die Grundkommandos einzuüben und vor allem den Rückruf und das Abstoppen verlässlich zu trainieren.

Haben Sie einen älteren Hund übernommen, bei dem das Jagdverhalten (egal ob auf Wild, Jogger oder Autos) schon fest etabliert ist, werden Sie ohne professionelle Hilfe kaum zu einer Problemlösung kommen. Unter Umständen müssen Sie auch damit rechnen, dass Ihr Hund zumindest überall dort, wo Versuchungen für ihn lauern, nicht im Freilauf geführt werden kann, sondern an der Leine bleiben muss.

11.11. DER WELPE BZW. HUND VERTRÄGT SICH NICHT MIT ANDEREN HUNDEN

Während ein Welpe in der Regel entweder freundlich den Kontakt zu Artgenossen sucht oder fremden Hunden gegenüber eher vorsichtig oder gar ängstlich reagiert, kommt es bei vielen heranwachsenden und ausgewachsenen Hunden oft zu Aggressionsverhalten, wenn sie einem anderen Hund begegnen. Zwar ist ein solches Verhalten nicht in jedem Fall unnormal, aber doch für die meisten Hundehalter unerwünscht.

Mit Ihrem Welpen sollten Sie von Anfang an üben, dass er nicht mit jedem Artgenossen, den Sie treffen, in Kontakt treten muss. Kommt Ihnen beim Spaziergang ein anderer Hundehalter entgegen, dessen Vierbeiner angeleint ist, dann nehmen auch Sie Ihren Hund an die Leine. Ist genug Platz vorhanden, gehen Sie mit gutem Abstand am anderen Hund vorbei, während Sie den Welpen mit Leckerchen und spannender Stimme ablenken. Geht das nicht, da zu wenig Platz vorhanden ist, lassen Sie Ihren Hund neben sich sitzen (bestenfalls auf der dem anderen Hund abgewandten Seite) und halten ihn ebenfalls durch Ablenkung davon ab, sich auf den anderen Hund zu fokussieren. So lernt Ihr Vierbeiner, dass er sich an der Leine bei Hundebegegnungen auf Sie konzentrieren soll und bestenfalls brav und ruhig sitzen bleibt. Vermeiden Sie möglichst immer, dass Hunde an der Leine sich beschnuppern, da die Vierbeiner sich, solchermaßen eingeschränkt, nicht wirklich normal verhalten können und es viel schneller zu Konfliktsituationen kommt.

Treffen Sie dagegen auf andere Hunde, die Ihnen bekannt sind und von denen Sie wissen, dass eine Begegnung ungefährlich ist, spricht nichts dagegen, den Vierbeinern eine kurze Spieleinheit im Freilauf zu gewähren. Allerdings geben Sie die Regeln vor: So muss Ihr Welpe zunächst brav an der Leine in die Sitzposition kommen, und wenn Sie ihn dann ableinen, geben Sie ihm erst das Kommando „Und Lauf!", bevor er durchstarten darf. Vielleicht gibt es ja im Bekanntenkreis andere Hundebesitzer, mit denen Sie sich zu gemeinsamen Spaziergängen verabreden können, um den Hunden das Spielen mit Artgenossen zu ermöglichen. Gleichzeitig können solche gemeinsamen Gänge auch für kurze Trainingseinheiten genutzt werden, in denen das jeweils andere Hund-Halter-Team als Ablenkung fungiert. Auch in der Hundeschule hat Ihr Welpe ja immer Begegnungen mit anderen Hunden und kann dabei sein Sozialverhalten wunderbar trainieren. So schaffen Sie beste Voraussetzungen, damit Ihr Hund später kein rüpelhaftes Verhalten entwickelt und bei Hundebegegnungen ganz entspannt bleiben kann.

Ein ausgewachsener Hund, dem eine solche Erziehung in der Jugend vielleicht nicht zuteilwurde, kann vor allem an der Leine aggressives Verhalten bei Begegnungen mit Artgenossen zeigen. Besonders unkastrierte Rüden neigen dazu, aber auch Hündinnen können sich in solche Leinenaggression hineinsteigern. Ist das bei Ihrem Hund der Fall, sollten Sie in der Hundeschule unter fachlicher Anleitung und Aufsicht eine vorsichtige Gewöhnung an solche Situationen einüben. Oft ist ein Hund an der Leine besonders aggressiv, der sich abgeleint aber mit anderen Hunden vertragen würde. Ob das auf Ihren neuen Mitbewohner zutrifft, sollten Sie aber nicht selber herauszufinden versuchen, sondern sich dabei von einem professionellen Hundetrainer unterstützen lassen.

Wenn es doch einmal zum Ernstfall kommt und Ihr Hund mit einem anderen unangeleint aufeinandertrifft, den Sie nicht kennen oder einschätzen können, sollten Sie möglichst umdrehen und zügig in die entgegengesetzte Richtung gehen. Rufen Sie Ihren Hund bei seinem Namen, damit er sieht, dass Sie weggehen. Ein Rückruf mit „Hier!" ist in einer solchen Situation ungünstig, da Ihr Hund eventuell nicht sofort gehorchen kann, weil der andere Hund ihn fixiert und ihm schlimmstenfalls nachjagen und angreifen würde. Sieht er aber, dass Sie weggehen, kann er sich nach Hunderegeln in einer angepassten Geschwindigkeit und mit entsprechenden Körpersignalen aus der brenzligen Situation zurückziehen, ohne dass etwas passiert. Tatsächlich werden unter Hunden die meisten Kämpfe ritualisiert ausgetragen, damit es nicht zu wirklich gefährlichen Verletzungen kommt (und Kratzer und Schrammen im Fell sind in diesem Fall keine „gefährlichen" Verletzungen aus Hundesicht, auch wenn wir Hundehalter das oft anders beurteilen) – allerdings gibt es leider auch einige verhaltensauffällige Hunde, die keine gute Sozialisierung mit Artgenossen erlernen durften und sich dann nicht an solche ungeschriebenen Gesetze unter Artgenossen halten können. Diesen Hunden sollten Sie mit Ihrem Vierbeiner möglichst aus dem Weg gehen.

Zusammenfassung Kapitel 11:

Wenn sich ein Hund nicht so verhält oder benimmt, wie wir Menschen es gerne hätten, dann wird schnell von „Problemverhalten" gesprochen. Dabei handelt es sich aber fast immer um eigentlich völlig normale Reaktionen oder Verhaltensweisen des Hundes, die seine Menschen nur nicht richtig verstehen oder deuten. Meist lohnt sich ein kurzer Perspektivwechsel, um die Situation aus der Sicht des Hundes zu betrachten, und das angebliche Problem wird zu einem Missverständnis, das sich leicht aufklären und so für die Zukunft vermeiden lässt. Wenn Sie allerdings das Gefühl haben, eine Unsicherheit im Umgang mit Ihrem Vierbeiner nicht alleine lösen zu können, dann scheuen Sie sich nicht, möglichst bald professionelle Hilfe bei einem/einer erfahrenen Hundetrainer/in zu suchen.

SCHLUSSWORT

> *Freude an einem Hund haben Sie erst, wenn Sie nicht versuchen, aus ihm einen halben Menschen zu machen. Ziehen Sie stattdessen doch einmal in Betracht, selbst zu einem halben Hund zu werden.*
> (Edward Hoagland)

„Ich wünsche mir einen Hund!" – mit diesem bis dahin unerfüllten Traum sind Sie in die Lektüre dieses Ratgebers gestartet. Nach vielen Informationen, Ratschlägen und Anleitungen, die Sie hoffentlich mit Freude und Spaß durcharbeiten konnten, sind Sie nun der Verwirklichung dieses Traumes ein gutes Stück näher gekommen oder haben ihn vielleicht sogar bereits in die Tat umgesetzt. Wunderbar, denn damit beginnt eine spannende und sehr bereichernde Zeit für Sie und Ihren neuen vierbeinigen Wegbegleiter. Sollten Sie zwischendurch doch noch einmal unsicher sein, blättern Sie einfach noch mal nach, und vor allem:

Lassen Sie Ihren Hund Hund sein und vermenschlichen Sie ihn nicht, dann wird es schon klappen mit der Verständigung. Wir wünschen Ihnen beiden eine wunderschöne gemeinsame Zeit!

ÜBER DIE AUTORIN

Heike Pankatz stammt aus einem Förster-Haushalt und ist mit Hunden aufgewachsen. Nach ihrem Studium der Veterinärmedizin in Hannover verfasste sie eine Dissertation über Hundeverhalten und die Gruppenhaltung von Hunden in Tierheimen. Ihr beruflicher Weg führte sie unter anderem als Fach-Referentin für Hunde und Heimtiere zu großen Tier-schutz-Organisationen wie dem Deutschen Tierschutzbund e.V. und dem Bund gegen Missbrauch der Tiere e.V.. Inzwischen arbeitet sie vor allem als Autorin auf ihrem Lieblings-Fachgebiet: Hunde und Hunderassen, deren Haltung und Verhalten. Und auch privat darf selbstverständlich der Vierbeiner an ihrer Seite nicht fehlen - Hütehund-Mischling „Ambra" gehört als festes Mitglied zum Fami-lien-Haushalt.

ANHANG

Wichtige Adressen

Rassehunde-Verbände:

Verband für das Deutsche Hundewesen e.V. (VDH)
Westfalendamm 174
44141 Dortmund
www.vdh.de

Österreichischer Kynologenverband (ÖKV)
Siegfried-Marcus-Str. 7
A-2362 Biedermannsdorf
www.oekv.at

Schweizerische Kynologische Gesellschaft (SKG)
Sagmattstr. 2
CH-4710 Balsthal
www.skg.ch

Tierschutzorganisationen:

Deutscher Tierschutzbund e.V.
In der Raste 10
53129 Bonn
www.tierschutzbund.de

Bund gegen den Missbrauch der Tiere e.V.
Iddelsfelder Hardt
51069 Köln
www.bmt-tierschutz.bmtev.de

Österreichischer Tierschutzverein
Berlagasse 36
A-1210 Wien
www.tierschutzverein.at

Schweizer Tierschutz (STS)
Dornacherstr. 101
CH-4018 Basel
www.tierschutz.com

Tier-Register:

FINDEFIX – Haustierregister des Deutschen Tierschutzbundes e.V.
In der Raste 10
53129 Bonn
www.findefix.com

Tasso e.V.
Otto-Volger-Str. 15
65843 Sulzbach/Ts.
www.tasso.net

Internationale Zentrale Tierregistrierung (IFTA)
Nördliche Ringst. 10
91126 Schwalbach
www.tierregistrierung.de

Tierärzte mit Zusatz „Verhaltenstherapie":

GTVMT – Gesellschaft für Tierverhaltensmedizin und -therapie e.V.
Hohensasel 16
22395 Hamburg
www.gtvmt.de

Hundetrainer und Hundeschulen:

BHV – Berufsverband der Hundeerzieher/innen und Verhaltensberater/innen e.V.
Alt Langenhagen 22
65719 Hofheim
www.hundeschulen.de

Verwendete Quellen:

1. „Heimtierstudie 2019: Ökonomische und soziale Bedeutung der Heimtierhaltung in Deutschland" (Prof. Dr. Renate Ohr, Universität Göttingen 2019)

7. „Dog ownership and the risk of cardiovascular disease and death" (Universität Uppsala 2017)

8. „Wenn es Kindern tierisch gut geht: Wie Tiere die kindliche Entwicklung stärken können" (Amelie Möhring-Sack, HAW Hamburg 2018)

9. „Trend zum Heimtier hält auch 2020 an" (Erhebung IVH / ZZF 2021)

10. „Hundepsychologie" (Dorit Feddersen-Petersen, Kosmos-Verlag 1989)

11. „Illegaler Heimtierhandel in Deutschland" (Hoth/Gerlach/Mackensen/Müller, Deutscher Tierschutzbund e.V., Akademie für Tierschutz 2020)

Printed in Poland
by Amazon Fulfillment
Poland Sp. z o.o., Wrocław

83607755R00108